モデリング論

矢納 陽 著

岡山大学出版会

推薦のことば

　大学で学ぶことの目的や目標は、学生諸君により諸種であると思います。しかしながら、深い専門的知識や高度な技術、そして幅広い教養の習得を大学教育の主要な目的とすることに異存のある人は、少ないと思います。この目的達成のため岡山大学は、高度な専門教育とともに、人間活動の基礎的な能力である「教養」の教育にも積極的に取り組んでいます。

　限られた教育資源を活用し大学教育の充実を図るには、効果的かつ能率的な教育実施が不可欠です。これを実現するための有望な方策の一つとして、個々の授業目的に即した適切な教科書を使用するという方法があります。しかしながら、日本の大学教育では伝統的に教科書を用いない授業が主流であり、岡山大学においても教科書の使用率はけっして高くはありません。このような教科書の使用状況は、それぞれの授業内容に適した教科書が少ないことが要因の一つであると考えられます。

　適切な教科書作成により、授業の受講者に対して、教授する教育内容と水準を明確に提示することが可能となります。そこで教育内容の一層の充実と勉学の効率化を図るため、岡山大学では平成２０年度より本学所属の教員による教科書出版を支援する事業を開始いたしました。

　教科書作成事業は、本学に設置された教育開発センター教科書専門委員会において実施しています。本専門委員会では、提案された教科書出版企画を厳正に審査し、また必要な場合には助言をし、教科書出版に取り組んでいます。

　今回、岡山大学オリジナルな教科書として、工学部の「専門科目」の一つであるモデリング論の教科書を出版することになりました。２１世紀社会における科学・環境・社会問題を解決するツールとして、システムの本質を表す「モデル」の概念はこれまで以上に重要になると考えています。この教科書は、１年生が共通に受講する「専門基礎科目」に含まれる「微分方程式」や「線形代数」の知識と、制御・ロボット関連の科目を結ぶ役割を果たします。これまでの授業内容をもとに講義担当者が執筆しました。

　本書が、今後も改良を加えられながら、機械システムに関連する授業において効果的に活用され、学生諸君の専門分野の能力向上に大いに役立つことを期待しています。

　また、これを機に、今後とも、岡山大学オリジナルの優れた教科書が出版されていくことを期待しています。

平成２７年６月

国立大学法人 岡山大学 学長 森田　潔

まえがき

　本書は岡山大学工学部機械システム系学科の2年生向けに専門科目として開講している「モデリング論」の教科書として，講義担当者が作成した配布資料をもとに執筆・編集を行いました．

　工学部では学科のディプロマポリシーに掲げられている学士力が身につくように，さまざまな科目が提供されています．さらに学生便覧に記載されているカリキュラムマップによって科目間の関係が一目で分かるような工夫がなされています．しかし，それぞれの科目の内容が他の科目の内容とどのようにつながっているのかは，シラバスに記載されている参考書などを頼りにして，受講者自身が多面的に学ばなければ見えにくいのではないでしょうか．そこで本書は(1)電気系・機械系・プロセス系の物理的現象を微分方程式で記述する（モデリングする）方法について述べるとともに(2)工学部1年生向けに専門基礎科目として開講されている「微分方程式」や「線形代数」と2，3年生向けに専門科目として開講されている「基礎制御理論」や「最適制御学」とのつながりを分かるようにすることを目標として執筆しました．これらを通して機械システム系学科の学生としての専門性を高められるように配慮し，さらに授業内容ごとに章を設けることで予復習をしやすいようにしました．

　なお，本書は大きく三つの部分に分けることができます．1〜4章では電気系をモデリングする方法に加えて，得られたモデルの入出力関係を調べる方法について述べています．5〜11章では力学系・プロセス系をモデリングする方法について述べています．12〜14章では得られたモデルを制御するための代表的手法とその特徴について述べ，さらに微分方程式を数値的に解く方法について述べています．以上の内容を学ぶことで前述の科目間のつながりを分かるようにするとともに，制御系の動特性を計算機によって数値的に調べられるようにしています．

　おわりに，本書は教育開発センター教科書専門委員会における選考を経て，岡山大学版教科書として出版する機会を得ました．執筆にあたっては文章の確認や作図，演習問題の作成などで大学院生の吉川浩平氏，西口淳平氏，溝上翔也氏，細谷直紀氏らの協力を得ました．また，岡山大学学務部ならびに岡山大学出版会の山本千明氏には，出版に至るまで温かいご配慮とご尽力をいただきました．関係諸氏に対して，ここに謝意を表します．

平成２７年６月

著者

目 次

第 1 章　モデリングとは　　　　　　　　　　　　　　　　　　　　　1
　1.1　本書で扱う数学モデル . . . . 　1

第 2 章　電気回路のモデリングと伝達関数　　　　　　　　　　　　　　5
　2.1　回路の例 . . . . 　6
　2.2　ラプラス変換の定義 . . . . 　9
　2.3　伝達関数 . . . . 　10

第 3 章　過渡特性 (ステップ応答とインパルス応答)　　　　　　　　　13
　3.1　入力信号の代表的な例とその性質・定義 . . . . 　14
　3.2　過渡特性 . . . . 　15
　3.3　RLC 回路のステップ応答 . . . . 　18

第 4 章　周波数応答　　　　　　　　　　　　　　　　　　　　　　　21
　4.1　ボード線図 . . . . 　24
　4.2　RL 回路の周波数特性 . . . . 　25
　4.3　RLC 回路の周波数特性 . . . . 　27

第 5 章　力学系のモデリングと状態方程式　　　　　　　　　　　　　31
　5.1　状態方程式 . . . . 　32
　5.2　力学系の数学モデルの状態空間表現 . . . . 　33

第 6 章　状態空間表現と伝達関数　　　　　　　　　　　　　　　　　37
　6.1　状態空間表現の自由度 . . . . 　39
　6.2　状態方程式の解 . . . . 　40

第 7 章　倒立振子のモデリング　　　　　　　　　　　　　　　　　　43

第 8 章　熱系のモデリング　　　　　　　　　　　　　　　　　　　　49
　8.1　熱伝導 . . . . 　49
　8.2　熱伝達 . . . . 　50

iii

第 9 章　液位系のモデリング　　　　　55

9.1　ベルヌーイの方程式 55

9.2　トリチェリの式 (オリフィスからの噴流) 56

9.3　断面積一定のタンクシステム 57

第 10 章　ラグランジュの方程式によるモデリング　　　　　63

10.1　運動方程式の導出法 63

10.2　単振子の運動方程式 64

第 11 章　ラグランジュの方程式による振子系のモデリング　　　　　71

第 12 章　フィードバック制御　　　　　79

12.1　フィードバック制御とフィードフォワード制御 79

12.2　フィードバック制御系と比例制御 80

第 13 章　システムの安定性　　　　　87

13.1　ラウスの安定判別法 91

第 14 章　PID 制御系設計　　　　　95

14.1　P 制御の場合 ($K_I = 0$, $K_D = 0$ の場合) 96

14.2　PD 制御の場合 ($K_I = 0$ の場合) 97

14.3　PI 制御の場合 ($K_D = 0$ の場合) 98

14.4　PID 制御の場合 100

14.5　数値積分法 101

参考文献　　　　　109

第1章　モデリングとは

制御したい対象 (システム) の特性を数式によって表現 (モデリング) する力を身につけることが本書の目的である．そのためには微分積分，線形代数，高校での物理や化学といった知識が重要である．なお本書におけるモデリングとは，システムの入出力関係を数式で表現したもの (数学モデル) を求める手順・作業であると定義する．

　工学部の使命の一つである豊かな社会を目指すためには，安全・安心・高精度・不可能と思われていたことを可能にする，といったキーワードを実現する努力が重要である．そのため，制御したい対象をよく知っておく (モデリングしておく) ことが重要になる．

　モデリングの方法には，運動方程式や回路方程式，熱収支といった物理法則にしたがって数学モデルを得るものや，システムに与えたエネルギーと計測された出力データからモデルを構築するもの (システム同定法と呼ばれる) がある．本書では物理法則によってのみ動特性 (システムの出力が過去の入出力の値によって決まるという性質) を記述できる小規模な対象についてモデリングを行う．

　また，本書の内容からは外れるが，我々が日常的に行っているモデリングの例としては以下のものが挙げられる．

(例)　初対面の人との話　　　　　　　　　　　対象とするモデル：相手の性格
　　　(会話によって人となりを知る)　　　　　データ：会話 (入出力信号)

　注意点としては，この例によらず目的 (相手とどのような関係 (親友，知り合い，恋人など) になりたいかという自分自身の考え) によって，得られるモデル (相手の性格に対する自分自身の捉え方) が変わるということである．さらに，目的に対して実際の対象が得られたモデルとどれだけ近いかが，モデリングにとって大切な要素である．

1.1　本書で扱う数学モデル

　本書ではシステムの動特性を有限個のパラメータによって特徴づけた数学モデルを扱う．具体的には，微分方程式で表現されるモデルについて考えていく．

【復習】
y は時間 t に関する関数とし，その微分を $y' = \dfrac{dy}{dt}$ で表すものとする．(1)〜(4) の解を求めよ．

(1) $y' + 2y = 1$, ただし $y(0) = 0$ とする.

(2) $y' + y = \sin \omega t$, ただし $y(0) = 0$, 定数 ω は $\omega > 0$ とする.

(3) $y'' + 3y' + 2y = 1$, ただし $y(0) = y'(0) = 0$ とする.

(4) $y'' + 3y' + 2y = \sin \omega t$, ただし $y(0) = y'(0) = 0$, 定数 $\omega > 0$ とする.

これらの微分方程式が，前述の数学モデルの一例である．ここでは右辺の項が入力信号 (操作量)，左辺の y を出力信号 (制御量) と考えている．ポイントは，右辺の項が出力信号の未来の振る舞いを決めている点にある．以下では (1) と (2) について解答例を示す.

(1) 変数分離形で解く．$y' = \dfrac{dy}{dt}$ より

$$\frac{dy}{dt} = -2y + 1 = -2\left(y - \frac{1}{2}\right) \Rightarrow \frac{1}{y - \frac{1}{2}} dy = -2dt \tag{1.1}$$

$y - \dfrac{1}{2} \neq 0$ の場合について考える．式 (1.1) の両辺を積分すると

$$\int \frac{1}{y - \frac{1}{2}} dy = -2 \int dt + C_1 \quad (C_1 \text{ は積分定数}) \tag{1.2}$$

よって

$$\log \left| y - \frac{1}{2} \right| = -2t + C_1 \tag{1.3}$$

この式はつぎのように書くことができる.

$$y - \frac{1}{2} = \pm e^{-2t + C_1} = \pm e^{C_1} e^{-2t} \tag{1.4}$$

したがって $C = \pm e^{C_1}$ とおくと次式を得る.

$$y = C e^{-2t} + \frac{1}{2} \quad (C \text{ は } 0 \text{ でない定数}) \tag{1.5}$$

つぎに，$y - \dfrac{1}{2} = 0$ の場合は $y = \dfrac{1}{2}$ という解を得る．これは上で得た解において $C = 0$ とした時の解 (特殊解の 1 つ) である．さらに $y = C e^{-2t} + \dfrac{1}{2}$ に与えられている条件 $y(0) = 0$ を代入すると $y(0) = C e^{-2 \cdot 0} + \dfrac{1}{2} = C + \dfrac{1}{2} = 0$．よって $C = -\dfrac{1}{2}$ を得る．以上をまとめると解は以下で与えられる.

$$y = \frac{1}{2} \left(1 - e^{-2t}\right) \tag{1.6}$$

(2) 定数変化法で解く．与式の同次形は $y' + y = 0$ であるので $\dfrac{dy}{dt} = -y$ と書ける．両辺積分すると

$$\int \frac{1}{y} dy = -\int dt + C_1 \quad (C_1 \text{ は積分定数}) \tag{1.7}$$

これは $\log | y | = -t + C_1$ であるので

$$y = \pm e^{-t+C_1} = \pm e^{C_1} e^{-t} = C e^{-t} \tag{1.8}$$

ここで定数 C を変数 $C(t)$ と考えて $y = C(t)e^{-t}$ とおく. t で微分すると

$$y' = C'(t)e^{-t} - C(t)e^{-t} \tag{1.9}$$

となる. 以下では簡略化のため, $C(t)$ を C と書くものとする. 与式に代入すると

$$C'e^{-t} - Ce^{-t} + Ce^{-t} = \sin\omega t \tag{1.10}$$

すなわち $C'e^{-t} = \sin\omega t$ である. すると $\dfrac{dC}{dt} = e^t \sin\omega t$ と書くことができ, これを両辺積分すると

$$\int dC = \int e^t \sin\omega t dt + K_1 \tag{1.11}$$

すなわち $C = \displaystyle\int e^t \sin\omega t dt + K_1$ である (K_1 は積分定数). つぎに $\displaystyle\int e^t \sin\omega t dt$ を計算する. 積の微分公式 $(uv)' = u'v + uv'$ より

$$\int (uv)' = \int u'v + \int uv' \rightarrow \int u'v = uv - \int uv' \tag{1.12}$$

を利用すると

$$\int e^t \sin\omega t dt = e^t \sin\omega t - \int e^t \omega \cos\omega t dt = e^t \sin\omega t - \omega \int e^t \cos\omega t dt \tag{1.13}$$

$$\int e^t \cos\omega t dt = e^t \cos\omega t - \int e^t \cdot (-\omega) \cdot \sin\omega t dt$$

$$= e^t \cos\omega t + \omega \int e^t \sin\omega t dt \tag{1.14}$$

よって式 (1.13) に式 (1.14) を代入すると

$$\int e^t \sin\omega t dt = e^t \sin\omega t - \omega \left(e^t \cos\omega t + \omega \int e^t \sin\omega t dt \right)$$

$$= e^t \sin\omega t - \omega e^t \cos\omega t - \omega^2 \int e^t \sin\omega t dt \tag{1.15}$$

式 (1.15) の両辺の $\displaystyle\int e^t \sin\omega t dt$ をまとめると

$$(1+\omega^2) \int e^t \sin\omega t dt = e^t \sin\omega t - \omega e^t \cos\omega t \tag{1.16}$$

すなわち

$$\int e^t \sin\omega t dt = \frac{1}{\sqrt{1+\omega^2}} e^t \left(\frac{1}{\sqrt{1+\omega^2}} \sin\omega t - \frac{\omega}{\sqrt{1+\omega^2}} \cos\omega t \right) \tag{1.17}$$

式 (1.17) に対して加法定理を利用すると $\sin\left(\omega t + \alpha\right) = \sin\omega t \cdot \cos\alpha + \cos\omega t \cdot \sin\alpha$ であり，これと式 (1.17) の右辺の括弧内を比較すると $\cos\alpha = \dfrac{1}{\sqrt{1+\omega^2}}$, $\sin\alpha = -\dfrac{\omega}{\sqrt{1+\omega^2}}$ とおけるので $(\because \sin^2\alpha + \cos^2\alpha = 1)$，式 (1.17) の右辺の括弧内は $\sin\left(\omega t + \alpha\right)$ で表すことができる．さらに $\tan\alpha = \dfrac{\sin\alpha}{\cos\alpha} = -\omega$ となることから $\alpha = \tan^{-1}\left(-\omega\right) = -\tan^{-1}\omega$ と書ける．

以上をまとめると

$$\int e^t \sin\omega t\, dt = \frac{1}{\sqrt{1+\omega^2}}e^t \sin\left(\omega t - \tan^{-1}\omega\right) \tag{1.18}$$

したがって $C(t)$ は次式で表される．

$$C(t) = \frac{1}{\sqrt{1+\omega^2}}e^t \sin\left(\omega t - \tan^{-1}\omega\right) + K_1 \tag{1.19}$$

式 (1.19) を与式の解 $y = C(t)e^{-t}$ に代入すると

$$\begin{aligned} y &= \left\{\frac{1}{\sqrt{1+\omega^2}}e^t \sin\left(\omega t - \tan^{-1}\omega\right) + K_1\right\}e^{-t} \\ &= K_1 e^{-t} + \frac{1}{\sqrt{1+\omega^2}}\sin\left(\omega t - \tan^{-1}\omega\right) \end{aligned} \tag{1.20}$$

ここで $y(0) = 0$ および $\sin\left(\omega t - \tan^{-1}\omega\right) = \dfrac{1}{\sqrt{1+\omega^2}}\sin\omega t - \dfrac{\omega}{\sqrt{1+\omega^2}}\cos\omega t$ となることに注意すると

$$y(0) = K_1 + \frac{1}{\sqrt{1+\omega^2}}\left(-\frac{\omega}{\sqrt{1+\omega^2}}\right) = 0 \tag{1.21}$$

よって $K_1 = \dfrac{\omega}{1+\omega^2}$ となることが分かる．この K_1 を式 (1.20) に代入すると以下の解が得られる．

$$y = \frac{\omega}{1+\omega^2}e^{-t} + \frac{1}{\sqrt{1+\omega^2}}\sin\left(\omega t - \tan^{-1}\omega\right) \tag{1.22}$$

演習課題

(1) $y(t) = \dfrac{1}{2}\left(1 - e^{-2t}\right)$ のグラフを描け．

(2) $y(t) = \dfrac{\omega}{1+\omega^2}e^{-t} + \dfrac{1}{\sqrt{1+\omega^2}}\sin\left(\omega t - \tan^{-1}\omega\right)$ のグラフを $\omega = 1,\ 10,\ 100$ の場合について描け．

第 2 章　電気回路のモデリングと伝達関数

電気回路をモデリングするために，記号と SI 単位を以下で定義する．

電圧 · · · 導線に電流を流すための圧力．
　　記号：E や e など，単位　[V] $(= [\text{W/A}])$．

電流 · · · 単位時間に電荷の流れる割合．
　　記号：I や i など，単位　[A] $\left(= [\text{C/s}] = \dfrac{\text{電荷の流れ}}{\text{単位時間}}\right)$．

電気量 (電荷) · · · 1[A] の電流によって 1[s] に運ばれる電気量．
　　記号：Q や q など，単位　[C] $(= [\text{A}\cdot\text{s}])$．

抵抗 · · · 図 2.1 の導体に電流が流れるとき，電流 i に対する電圧差 $e_1 - e_2$ の比．
　　記号：R，単位　[Ω] $(= [\text{V/A}])$．

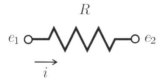

図 2.1: 抵抗

静電容量 · · · 図 2.2 のコンデンサの静電容量前後の電圧差を e_c としたとき，
$e_c = e_1 - e_2 > 0$ に対し $C = q/e_c (e_c = q/C)$ で表される．
両辺を時間 t で微分すると $\dfrac{de_c}{dt} = \dfrac{1}{C}i$ (電流 i は $i = \dfrac{dq}{dt}$ で定義される)．
両辺を時間 t で積分すれば $e_c = \dfrac{1}{C}\int i\,dt + e_c(0)$　($e_c(0)$ は初期電荷による初期電圧)．
　　記号：C，単位　[F] $\left(= [\text{C/V}] = \dfrac{\text{電荷量の変化}}{\text{電圧の変化}}\right)$．

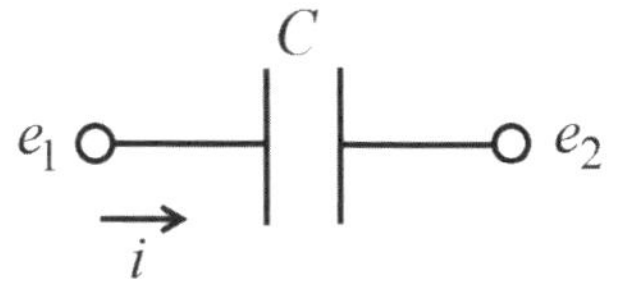

図 2.2: コンデンサ

インダクタンス $\cdots$ 図 2.3 において単位時間あたりのコイルの電流変化に対する誘起電圧変化の割合．$e_L = e_1 - e_2 > 0$ を L の前後の電圧差とすると，定義から $L = e_L / \left(\dfrac{di}{dt} \right)$．よって $e_L = L\dfrac{di}{dt}$．両辺を積分すると $i_L(t) = \dfrac{1}{L}\displaystyle\int_0^t e_L dt + i_L(0)$ （$i_L(0)$ は初期電流）．
記号：L，単位 $[\mathrm{H}] \left(= \left[\dfrac{\mathrm{V}}{\mathrm{A/s}} \right] = [\mathrm{Wb/A}] \right)$．

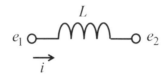

図 2.3: コイル

インピーダンス $\cdots$ 交流回路の抵抗の単位．記号：Z，単位 $[\Omega] (= [\mathrm{V/A}])$．

電力 $\cdots$ 単位時間あたりのエネルギー量．記号：P，単位 $[\mathrm{W}] (= [\mathrm{V} \cdot \mathrm{A}] = [\mathrm{J/s}])$．

電力量 $\cdots$ 消費したエネルギー量．記号：W_p，単位 $[\mathrm{J}] (= [\mathrm{Ws}])$．

2.1 回路の例

<u>CR 回路</u>

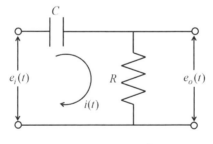

図 2.4: CR 回路

図 2.4 の回路を考える．ここで入力電圧を $e_i(t)[\mathrm{V}]$，出力電圧を $e_o(t)[\mathrm{V}]$ とおき，この入出力関係を微分方程式で表す．ただし，コンデンサの静電容量を $C[\mathrm{F}]$，抵抗を $R[\Omega]$ とする．この回路の電圧の関係式はコンデンサにかかる電圧を $e_c(t)$ とすると

$$\begin{aligned} e_i(t) &= e_c(t) + e_o(t) \\ &= \frac{1}{C}\int i(t)dt + e_c(0) + e_o(t) \end{aligned} \tag{2.1}$$

$e_o(t) = Ri(t)$ であるので，電流 $i(t)$ は $i(t) = \frac{1}{R}e_0(t)$ と表される．これを式 (2.1) に代入すると次式を得る．

$$e_i(t) = \frac{1}{CR}\int e_o(t)dt + e_c(0) + e_o(t) \qquad (2.2)$$

両辺微分して $\dot{e}_i(t) = \frac{d}{dt}e_i(t)$, $\dot{e}_o(t) = \frac{d}{dt}e_o(t)$ とおくと

$$\dot{e}_i(t) = \frac{1}{CR}e_o(t) + \dot{e}_o(t) \qquad (2.3)$$

よってこの回路の入出力関係は $\dot{e}_o(t) + \frac{1}{CR}e_o(t) = \dot{e}_i(t)$ で表すことができる (CR が非常に小さい時，出力は入力の微分結果を近似する．これはなぜか考えてみよ)．

RC 回路

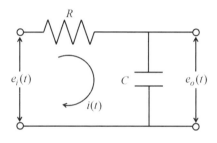

図 2.5: RC 回路

CR 回路と同様に図 2.5 の入出力関係を求める．この回路の電圧の関係式は

$$\begin{aligned} e_i(t) &= Ri(t) + e_o(t) \\ &= Ri(t) + \frac{1}{C}\int i(t)dt + e_o(0) \end{aligned} \qquad (2.4)$$

ここで $Ri(t) = e_i(t) - e_o(t)$ より $i(t) = \frac{1}{R}\left(e_i(t) - e_o(t)\right)$ であるから

$$e_i(t) = R \cdot \frac{1}{R}\left(e_i(t) - e_o(t)\right) + \frac{1}{C} \cdot \frac{1}{R}\int \left(e_i(t) - e_o(t)\right)dt + e_o(0) \qquad (2.5)$$

まとめると

$$e_o(t) = \frac{1}{CR}\int \left(e_i(t) - e_o(t)\right)dt + e_o(0) \qquad (2.6)$$

式 (2.6) を両辺微分すると $\dot{e}_o(t) = \frac{1}{CR}\left(e_i(t) - e_o(t)\right)$ となる．すなわちこの回路の入出力関係は，$\dot{e}_o(t) + \frac{1}{CR}e_o(t) = \frac{1}{CR}e_i(t)$ で表される (CR が非常に大きい時，出力は入力の積分結果を近似する)．

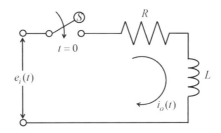

図 2.6: RL 回路

RL 回路

図 2.6 の回路を考える．ここで入力を電圧 $e_i(t)$，出力を電流 $i_o(t)$ とする．$i(0) = 0$ とし，$t = 0$ でスイッチ S を閉じると回路の電圧の関係式は以下で与えられる．

$$e_i(t) = Ri_o(t) + L\frac{d}{dt}i_o(t) \tag{2.7}$$

このとき $\dot{i}_o(t) = \dfrac{d}{dt}i_o(t)$ とおくと，$L\dot{i}_o(t) + Ri_o(t) = e_i(t)$ で表すことができる．ここで

$$e_i(t) = \begin{cases} 1 \ (t \geq 0) \\ 0 \ (t < 0) \end{cases}, \ L = 1[\mathrm{H}], \ R = 2[\Omega]$$

とおけば，$i_o(0) = 0$ として上の微分方程式を解くと，出力は $i_o(t) = \dfrac{1}{2}\left(1 - e^{-2t}\right)$ で与えられる．

RLC 回路

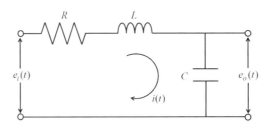

図 2.7: RLC 回路

抵抗 $R[\Omega]$，コイル $L[\mathrm{H}]$，コンデンサ $C[\mathrm{F}]$ からなる RLC 直列回路を考える．具体的には入力を電圧 $e_i(t)[\mathrm{V}]$，出力を電圧 $e_o(t)[\mathrm{V}]$ としたときの関係を微分方程式で表すことを考える．まず，電圧の関係式から

$$e_i(t) = Ri(t) + L\frac{di(t)}{dt} + e_o(t) \tag{2.8}$$

ここで $e_o(t) = \dfrac{1}{C}\int i(t)dt + e_o(0)$ より，この両辺を微分すると $\dot{e}_o(t) = \dfrac{1}{C}i(t)$（ここでは

$\dot{e}_o(t) = \dfrac{d}{dt} e_o(t)$ とおいている). すなわち $i(t) = C\dot{e}_o(t)$. これを式 (2.8) に代入すると

$$e_i(t) = RC\dot{e}_o(t) + LC\frac{d}{dt}(\dot{e}_o(t)) + e_o(t) \tag{2.9}$$

ここで $\dfrac{d}{dt}(\dot{e}_o(t)) = \dfrac{d}{dt}\left(\dfrac{d}{dt} e_o(t)\right) = \dfrac{d^2}{dt^2} e_o(t)$ であるので $\ddot{e}_o(t) = \dfrac{d^2}{dt^2} e_o(t)$ とおくと式 (2.9) は $e_i(t) = LC\ddot{e}_o(t) + RC\dot{e}_o(t) + e_o(t)$ と書ける.

　ここまで, 回路の入出力関係を数学モデルで記述してきたが, 我々が知りたいことは得られたモデルの特徴 (数学的性質) である. 例えば,

- 入出力関係の時間的推移

- 特定の周波数成分を持つ入力に対する出力の変化

などを調べることによって, モデルの特徴を知ることができる. しかし, これらを調べるためには微分方程式を解かなければならない. 2 階の微分方程式までなら学部 1 年生の知識で解けそうであるが, それ以上に高階なモデルの特徴を知ろうとするのは困難である. そこで, 微分方程式を代数的に扱うために, ラプラス変換を利用した伝達関数と呼ばれるモデルの表現法がある.

2.2　ラプラス変換の定義

　$t < 0$ で $x(t) = 0$ となる信号 $x(t)$ のラプラス変換は, 次式で定義される.

$$X(s) = \mathcal{L}[x(t)] = \int_0^\infty x(t)e^{-st}dt \tag{2.10}$$

ここで $\mathcal{L}[\cdot]$ はラプラス変換を, $s(s > 0)$ は複素数を表している. またラプラス変換された信号 $x(t)$ は $X(s)$ で表すもとのする.

表 2.1: ラプラス変換の性質

(1) 線形性	$\mathcal{L}[\alpha x(t) + \beta y(t)] = \alpha \mathcal{L}[x(t)] + \beta \mathcal{L}[y(t)]$
(2) 時間軸推移	$\mathcal{L}[x(t-\tau)] = e^{-\tau s}X(s),\ \ \tau > 0$
(3) s 領域推移	$\mathcal{L}[e^{-at}x(t)] = X(s+a)$
(4) 時間軸スケーリング	$\mathcal{L}[x(at)] = \dfrac{1}{a}X\left(\dfrac{s}{a}\right),\ \ a > 0$
(5) 時間微分	$\mathcal{L}\left[\dfrac{d}{dt}x(t)\right] = sX(s) - x(0)$
(6) 時間積分	$\mathcal{L}\left[\displaystyle\int_0^t x(\tau)d\tau\right] = \dfrac{X(s)}{s}$
(7) たたみ込み積分	$\mathcal{L}[x(t) * y(t)] = X(s)Y(s)$

2.3 伝達関数

入出力関係の時間的変化を微分方程式によって表現する代わりに，ラプラス変換された s からなる有理関数によって表現したものを伝達関数と呼ぶ．実際には入力信号とモデルのインパルス応答のたたみ込み積分をラプラス変換したものから伝達関数が定義されるがここでは省略する．なお，ラプラス変換によって伝達関数を求める場合は，信号 $x(t)$ の初期値 $x(0)$ を 0 とおく必要がある．

(例) CR 回路

$\dot{e}_0(t) + \dfrac{1}{CR} e_o(t) = \dot{e}_i(t)$ の伝達関数を求めるために，まず両辺をラプラス変換する．

$$\mathcal{L}\left[\dot{e}_o(t) + \frac{1}{CR} e_o(t)\right] = \mathcal{L}\left[\dot{e}_i(t)\right] \tag{2.11}$$

表 2.1(1)，(5) より $\mathcal{L}[\alpha x(t) + \beta y(t)] = \alpha \mathcal{L}[x(t)] + \beta \mathcal{L}[y(t)]$，$\mathcal{L}\left[\dfrac{d}{dt} x(t)\right] = sX(s) - x(0)$ を利用すると式 (2.11) は $sE_o(s) + \dfrac{1}{CR} E_o(s) = sE_i(s)$ と書ける．なお前述の通りここでは $e_o(0) = 0$，$e_i(0) = 0$ としている．式 (2.11) は $E_o(s)$ と $E_i(s)$ でまとめると $(CRs + 1)E_o(s) = CRsE_i(s)$ のように書ける．以上より伝達関数 $\dfrac{E_o(s)}{E_i(s)}$ は次のように表される．

$$\frac{E_o(s)}{E_i(s)} = \frac{CRs}{CRs + 1} \tag{2.12}$$

すなわち伝達関数は，入出力信号の比 (式 (2.12) の左辺の $\dfrac{\text{出力信号}}{\text{入力信号}}$)，言い換えれば入出力関係の特徴を，右辺の複素数 s に関する有理関数によって代数的に表現したものである．

(例) RLC 回路

回路の数学モデル $LC\ddot{e}_o(t) + CR\dot{e}_o(t) + e_o(t) = e_i(t)$ について，$\ddot{e}_o(t)$ はラプラス変換の定義にしたがうと $\mathcal{L}[\ddot{e}_o(t)] = s^2 E_o(s) - se_o(0) - \dot{e}_o(0)$ で与えられる (部分積分の公式およびラプラス変換の定義式 (2.10) の右辺の積分項の指数部にある s が定数とみなせることに注意すれば導くことができる)．また，初期値を $e_o(0) = 0$，$\dot{e}_o(0) = 0$ とおけば以下の伝達関数で RLC 回路の入出力関係が表される．

$$\frac{E_o(s)}{E_i(s)} = \frac{\dfrac{1}{LC}}{s^2 + \dfrac{R}{L}s + \dfrac{1}{LC}} \tag{2.13}$$

演習課題

(1) 次の関数をラプラス変換せよ.

    (a) $f(t) = 1$

    (b) $f(t) = t$

    (c) $f(t) = e^{-at}$

    (d) $f(t) = \sin \omega t$

(2) RL 回路の伝達関数の導出過程を示せ.

(3) RLC 回路の伝達関数の導出過程を示せ.

(4) $\mathcal{L}[\ddot{e}_0(t)] = s^2 E_0(s) - s e_0(0) - \dot{e}_0(0)$ を示せ.

第3章 過渡特性(ステップ応答とインパルス応答)

前述の通り，本書では以下の 2 点によって数学モデルの特徴を捉えることを考えている．

(1) 入出力信号の時間的推移
(2) 特定の周波数成分を持つ入力に対する出力の変化

以下では (1) のうち，ステップ応答やインパルス応答と呼ばれる出力信号の推移について考える．入出力信号の時間的推移は，得られたモデルの微分方程式に具体的な入力信号の関数を代入し，その解を求めることで知ることができた．これに対してラプラス変換を利用する場合は，数学モデルを表した伝達関数とラプラス変換によって表現された具体的な入力信号との積に対して，以下の表 3.1 を利用すれば出力信号 (＝微分方程式の解) を得ることができる．具体的には s 領域での出力信号の表現 $X(s)$ を時間領域での表現 $x(t)$ に置き換える (＝逆ラプラス変換する) ことによって知ることができる．なお，表 3.1(d) 〜(f) 中の "片側" とは，単位ステップ信号 $u_s(t)(t < 0$ の場合 $u_s(t) = 0$, $t \geq 0$ の場合 $u_s(t) = 1)$ に関係している．具体的には $t < 0$ の場合は $e^{-at} \cdot u_s(t) = 0$, $\sin \omega t \cdot u_s(t) = 0$, $\cos \omega t \cdot u_s(t) = 0$ であり，$t \geq 0$ の場合は $e^{-at} \cdot u_s(t) = e^{-at}$, $\sin \omega t \cdot u_s(t) = \sin \omega t$, $\cos \omega t \cdot u_s(t) = \cos \omega t$ と定義される．

表 3.1: ラプラス変換対

	$x(t)$	$X(s)$
(a) 単位インパルス信号	$\delta(t)$	1
(b) 単位ステップ信号	$u_s(t)$	$\dfrac{1}{s}$
(c) 単位ランプ信号	$tu_s(t)$	$\dfrac{1}{s^2}$
(d) (片側) 指数信号	$e^{-at} \cdot u_s(t)$	$\dfrac{1}{s+a}$
(e) (片側) 正弦波信号	$\sin \omega t \cdot u_s(t)$	$\dfrac{\omega}{s^2 + \omega^2}$
(f) (片側) 余弦波信号	$\cos \omega t \cdot u_s(t)$	$\dfrac{s}{s^2 + \omega^2}$

3.1 入力信号の代表的な例とその性質・定義

単位インパルス信号 $\delta(t)$

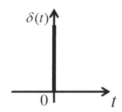

図 3.1: 単位インパルス信号 $\delta(t)$

$$\delta(t) = \begin{cases} \infty & (t = 0) \\ 0 & (t \neq 0) \end{cases} \quad \text{ただし} \int_{-\infty}^{\infty} \delta(t)dt = 1$$

さらに任意の信号 $f(t)$ に対して $\displaystyle\int_{-\infty}^{\infty} f(t)\delta(t-a)dt = f(a)$ が成り立つ.

単位ステップ信号 $u_s(t)$

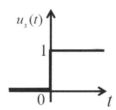

図 3.2: 単位ステップ信号 $u_s(t)$

$$u_s(t) = \begin{cases} 1 & (t \geq 0) \\ 0 & (t < 0) \end{cases}$$

なお信号 $x(t) = 1$ と書くと $t < 0$ でも $x(t) = 1$ であるが, $u_s(t)$ は $t \geq 0$ のときに $u_s(t) = 1$, $t < 0$ のときは $u_s(t) = 0$ と定義している.

単位ランプ信号 $tu_s(t)$

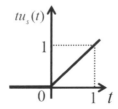

図 3.3: 単位ランプ信号 $tu_s(t)$

$$tu_s(t) = \begin{cases} t & (t \geq 0) \\ 0 & (t < 0) \end{cases}$$

片側指数信号 $e^{-at}u_s(t)$

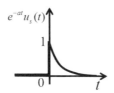

図 3.4: 片側指数信号 $e^{-at}u_s(t)$

$$e^{-at}u_s(t) = \begin{cases} e^{-at} & (t \geq 0) \\ 0 & (t < 0) \end{cases}$$

片側正弦波信号，片側余弦波信号については省略する．

3.2 過渡特性

3.2.1 ステップ応答

ある数学モデルに入力を与えて十分に時間が経過したのち，その出力が定常値に落ち着いたとする．このとき，定常値に至るまでの特性を過渡特性と言い，その際の応答を過渡応答という．以下では単位ステップ信号を入力信号とした時の応答 (ステップ応答) の過渡特性を例示する．

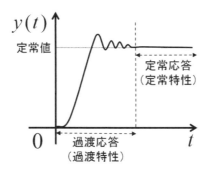

図 3.5: ステップ応答の例

RL 回路

入力信号を電圧 $e_i(t)$，出力信号を電流 $i_o(t)$ とする．入力と出力の初期値を $e_i(0) = 0$，$i_o(0) = 0$ とおき，$t = 0$ でスイッチを入れる．このとき回路の関係式は以下で表される．

$$L\frac{di_o(t)}{dt} + Ri_o(t) = e_i(t) \tag{3.1}$$

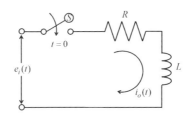

図 3.6: RL 回路

さらに具体的な入力信号として $e_i(t) = 1[\mathrm{V}]$ であるとすると，条件より $e_i(t) = \begin{cases} 1 & (t \geq 0) \\ 0 & (t < 0) \end{cases}$ と書ける．これは単位ステップ信号 $u_s(t)$ そのものである．この $e_i(t)$ を式 (3.1) に与えると

$$L\frac{di_o(t)}{dt} + Ri_o(t) = 1 \tag{3.2}$$

この微分方程式の解は以下で与えられる．

$$i_o(t) = \frac{1}{R}\left(1 - e^{-\frac{R}{L}t}\right) \tag{3.3}$$

式 (3.3) より，R の値を大きくすると出力値の立ち上がりが早くなる一方，出力の定常値 ($t \to \infty$ としたときの値) は小さくなることが分かる (図 3.7)．

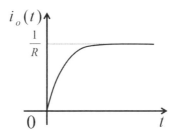

図 3.7: RL 回路のステップ応答

つぎに，式 (3.1) をもとに RL 回路の伝達関数を求めてみる．両辺をラプラス変換すると

$$\mathcal{L}\left[L\frac{di_o(t)}{dt} + Ri_o(t)\right] = \mathcal{L}\left[e_i(t)\right]$$

$e_i(t)$ は単位ステップ信号とおけるので，初期値がすべて 0 であるとすると

$$LsI_o(s) + RI_o(s) = \frac{1}{s}$$

この時 **2.3** 節の定義にしたがうと伝達関数は $\dfrac{1}{Ls + R}$ と書ける．さらに「s 領域で表現した出力信号＝伝達関数× s 領域で表現した入力信号」のように，システムの特性を伝達関

数を利用した代数的関係で表現すると以下のように展開できる.

$$
\begin{aligned}
I_o(s) &= \frac{1}{Ls+R} \cdot \frac{1}{s} = \frac{1}{R} \cdot \frac{1}{\dfrac{L}{R}s+1} \cdot \frac{1}{s} = \frac{1}{R}\left(\frac{1}{Ts+1} \cdot \frac{1}{s}\right) \\
&= \frac{1}{R}\left(\frac{1}{s} - \frac{1}{s+\dfrac{1}{T}}\right)
\end{aligned}
\tag{3.4}
$$

ここでは $T = \dfrac{L}{R}$ とおいた. 両辺を逆ラプラス変換すると

$$
i_o(t) = \frac{1}{R}\left(u_s(t) - e^{-\frac{t}{T}} \cdot u_s(t)\right)
\tag{3.5}
$$

$t \geq 0$ のみを考えれば $i_o(t) = \dfrac{1}{R}\left(1 - e^{-\frac{R}{L}t}\right)$ と書ける. これは微分方程式を解いて得られた解 (3.3) と一致している. このように微分方程式を直接解かなくても, 伝達関数を利用した代数的な演算によって出力の時間的推移を計算できることが分かる. なお T は時定数と呼ばれるものであり, この値が小さいほどシステム出力の立ち上がりが速くなる. この例では R の値を大きくすると時定数 T が小さな値になり, システム出力の立ち上がりが速くなる. 逆に, T が大きいほどシステム出力の立ち上がりは遅くなる.

3.2.2　インパルス応答

ある数学モデルに与えられる入力を単位インパルス信号とした場合の応答 (インパルス応答) について考える. まず, ステップ応答を求めた時と同様に RL 回路の関係式を考える.

$$
L\frac{di_o(t)}{dt} + Ri_o(t) = e_i(t)
\tag{3.6}
$$

入力を単位インパルス信号 $e_i(t) = \delta(t)$ とした時の応答を伝達関数を利用して計算する. 各信号の初期値をすべて 0 として両辺をラプラス変換すると以下の式を得る.

$$
LsI_o(s) + RI_o(s) = E_i(s)
\tag{3.7}
$$

この式は $(Ls+R)\,I_o(s) = E_i(s)$ とまとめることができるので, 伝達関数は以下で与えられる.

$$
\frac{I_o(s)}{E_i(s)} = \frac{1}{Ls+R}
\tag{3.8}
$$

出力信号は伝達関数と入力信号の積 $I_o(s) = \dfrac{1}{Ls+R}E_i(s)$ で表すことができる. さらに入力信号は $e_i(t) = \delta(t)$ で与えられているので, 表 3.1(a) から $\mathcal{L}\left[e_i(t)\right] = \mathcal{L}\left[\delta(t)\right] = 1$ である. よってこのシステムのインパルス応答は $I_o(s) = \dfrac{1}{Ls+R} \cdot 1 = \dfrac{1}{Ls+R}$ で表すことができる. これを逆ラプラス変換すれば $i_o(t) = \dfrac{1}{L}e^{-\frac{R}{L}t}$ が得られる.

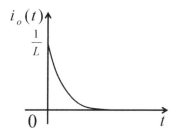

図 3.8: RL 回路のインパルス応答

3.3 RLC回路のステップ応答

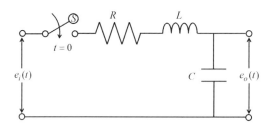

図 3.9: RLC 回路

図 3.9 において入力信号を電圧 $e_i(t)$, 出力信号を電圧 $e_o(t)$ とする. $\ddot{e}_o(t) = \dfrac{d^2}{dt^2}e_o(t)$, $\dot{e}_o(t) = \dfrac{d}{dt}e_o(t)$ とおくと, このモデルの微分方程式は以下で与えられる.

$$LC\ddot{e}_o(t) + RC\dot{e}_o(t) + e_o(t) = e_i(t) \tag{3.9}$$

初期値をすべて 0 とし, ラプラス変換を利用すると伝達関数は次のように与えられる.

$$\frac{E_o(s)}{E_i(s)} = \frac{\dfrac{1}{LC}}{s^2 + \dfrac{R}{L}s + \dfrac{1}{LC}} = \frac{\omega_n^2}{s^2 + 2\zeta\omega_n s + \omega_n^2} \tag{3.10}$$

ここで $\omega_n = \dfrac{1}{\sqrt{LC}}$, $\zeta = \dfrac{R}{2}\sqrt{\dfrac{C}{L}}$ とおいた. なお ω_n は固有周波数, ζ は減衰係数と呼ばれるものである. ステップ応答は単位ステップ信号 $E_i(s) = \dfrac{1}{s}$ を与えた時の応答であるから

$$E_o(s) = \frac{\omega_n^2}{s^2 + 2\zeta\omega_n s + \omega_n^2} \cdot \frac{1}{s} \tag{3.11}$$

式 (3.11) の右辺を部分分数展開すると, $s^2 + 2\zeta\omega_n s + \omega_n^2 = 0$ の s の解 $\alpha, \beta = -(\zeta \pm$

$\sqrt{\zeta^2-1})\omega_n$ に対して

$$
\begin{aligned}
e_o(t) &= \mathcal{L}^{-1}\left[E_o(s)\right] = \mathcal{L}^{-1}\left[\frac{\omega_n^2}{s^2+2\zeta\omega_n s+\omega_n^2}\cdot\frac{1}{s}\right] \\
&= \mathcal{L}^{-1}\left[\frac{1}{s}+\frac{1}{\alpha-\beta}\left(\frac{\beta}{s-\alpha}-\frac{\alpha}{s-\beta}\right)\right] \\
&= 1+\frac{1}{\alpha-\beta}\left(\beta e^{\alpha t}-\alpha e^{\beta t}\right)
\end{aligned}
\tag{3.12}
$$

と書ける. 以下では $\alpha=-\left(\zeta+\sqrt{\zeta^2-1}\right)\omega_n$, $\beta=-\left(\zeta-\sqrt{\zeta^2-1}\right)\omega_n$, $0\leqq\zeta<1$ について考える. なお i を虚数単位 $(i^2=-1)$ として $\alpha-\beta=-\left(\zeta+\sqrt{\zeta^2-1}\right)\omega_n+\left(\zeta-\sqrt{\zeta^2-1}\right)\omega_n=-2\sqrt{\zeta^2-1}\omega_n=-2i\sqrt{1-\zeta^2}\omega_n$ であることに注意し, 式 (3.12) の右辺第 2 項を展開すると

$$
\begin{aligned}
\beta e^{\alpha t}-\alpha e^{\beta t} &= -\left(\zeta-\sqrt{\zeta^2-1}\right)\omega_n e^{-\left(\zeta+\sqrt{\zeta^2-1}\right)\omega_n t}+\left(\zeta+\sqrt{\zeta^2-1}\right)\omega_n e^{-\left(\zeta-\sqrt{\zeta^2-1}\right)\omega_n t} \\
&= -\left(\zeta-\sqrt{\zeta^2-1}\right)\omega_n e^{-\zeta\omega_n t}\cdot e^{-\sqrt{\zeta^2-1}\omega_n t} \\
&\quad +\left(\zeta+\sqrt{\zeta^2-1}\right)\omega_n e^{-\zeta\omega_n t}\cdot e^{\sqrt{\zeta^2-1}\omega_n t} \\
&= \omega_n e^{-\zeta\omega_n t}\left\{\zeta\left(e^{\sqrt{\zeta^2-1}\omega_n t}-e^{-\sqrt{\zeta^2-1}\omega_n t}\right)\right. \\
&\quad \left. +\sqrt{\zeta^2-1}\left(e^{\sqrt{\zeta^2-1}\omega_n t}-e^{-\sqrt{\zeta^2-1}\omega_n t}\right)\right\} \\
&= \omega_n e^{-\zeta\omega_n t}\left\{\zeta\left(e^{i\sqrt{1-\zeta^2}\omega_n t}-e^{-i\sqrt{1-\zeta^2}\omega_n t}\right)\right. \\
&\quad \left. +i\sqrt{1-\zeta^2}\left(e^{i\sqrt{1-\zeta^2}\omega_n t}-e^{-i\sqrt{1-\zeta^2}\omega_n t}\right)\right\}
\end{aligned}
$$

$$
\left(
\begin{aligned}
&\text{オイラーの公式 } e^{i\theta}=\cos\theta+i\sin\theta\text{を利用すると} \\
&e^{i\sqrt{1-\zeta^2}\omega_n t}-e^{-i\sqrt{1-\zeta^2}\omega_n t}=2i\sin\sqrt{1-\zeta^2}\omega_n t \quad \leftarrow e^{-i\theta}=\cos\theta-i\sin\theta\text{より} \\
&e^{i\sqrt{1-\zeta^2}\omega_n t}+e^{-i\sqrt{1-\zeta^2}\omega_n t}=2\cos\sqrt{1-\zeta^2}\omega_n t
\end{aligned}
\right)
$$

$$
\begin{aligned}
&= \omega_n e^{-\zeta\omega_n t}\left(\zeta\cdot 2i\sin\sqrt{1-\zeta^2}\omega_n t+i\sqrt{1-\zeta^2}\cdot 2\cos\sqrt{1-\zeta^2}\omega_n t\right) \\
&= i\cdot 2\omega_n e^{-\zeta\omega_n t}\left(\zeta\sin\sqrt{1-\zeta^2}\omega_n t+\sqrt{1-\zeta^2}\cos\sqrt{1-\zeta^2}\omega_n t\right)
\end{aligned}
\tag{3.13}
$$

よって

$$
\begin{aligned}
\frac{1}{\alpha-\beta}\left(\beta e^{\alpha t}-\alpha e^{\beta t}\right) &= \frac{1}{-2i\sqrt{1-\zeta^2}\omega_n}\cdot i\cdot 2\omega_n e^{-\zeta\omega_n t}\left(\zeta\sin\sqrt{1-\zeta^2}\omega_n t\right. \\
&\quad \left. +\sqrt{1-\zeta^2}\cos\sqrt{1-\zeta^2}\omega_n t\right) \\
&= -\frac{1}{\sqrt{1-\zeta^2}}e^{-\zeta\omega_n t}\left(\zeta\sin\sqrt{1-\zeta^2}\omega_n t\right. \\
&\quad \left. +\sqrt{1-\zeta^2}\cos\sqrt{1-\zeta^2}\omega_n t\right)
\end{aligned}
\tag{3.14}
$$

すなわち RLC 回路のステップ応答は次のように書ける.

$$
e_o(t) = 1-e^{-\zeta\omega_n t}\left(\cos\sqrt{1-\zeta^2}\omega_n t+\frac{\zeta}{\sqrt{1-\zeta^2}}\sin\sqrt{1-\zeta^2}\omega_n t\right)
\tag{3.15}
$$

なお式 (3.15) に $\zeta = 0$ を代入すると

$$e_o(t) = 1 - \cos\omega_n t \tag{3.16}$$

この場合，出力応答は減衰せずに振動を続ける．ここでは RLC 回路のステップ応答によって過渡特性をみてきたが，インパルス応答も同様の計算手順によって調べることができる．

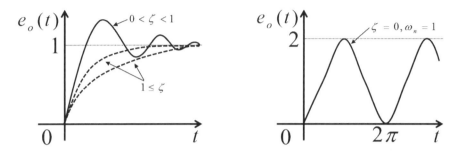

図 3.10: RLC 回路のステップ応答：(左) 減衰係数 $0 < \zeta < 1$ の場合，減衰振動しながら定常値に収束する．$1 \leq \zeta$ の場合，振動せず定常値に落ち着く．(右) 減衰係数 $\zeta = 0$ の場合，減衰せず振動し続ける．

演習課題

RC 回路について，数学モデルの伝達関数を利用して以下の問いに答えよ．
 (1) ステップ応答を求めよ．
 (2) インパルス応答を求めよ．

第4章 周波数応答

あるモデルに周波数 ω_0 の正弦波入力 $u(t) = \sin \omega_0 t$ を加えた時の定常状態における入出力関係を周波数応答と呼ぶ.

(例) モデル : $y'(t) + y(t) = u(t)$, 入力 : $u(t) = \sin \omega_0 t$, 時刻 $t \geq 0$ に対し, (a) 微分方程式を直接解く場合と (b) ラプラス変換を利用して伝達関数から求める場合を示す.

(a) 定数変化法を利用すると次の解を得る.

$$y(t) = \frac{\omega_0}{1 + \omega_0^2} e^{-t} + \frac{1}{\sqrt{1 + \omega_0^2}} \sin \left(\omega_0 t - \tan^{-1} \omega_0 \right) \tag{4.1}$$

(b) 与えられたモデルの伝達関数から解を求める. まずモデルの両辺をラプラス変換して全ての初期値を 0 とすると

$$(s + 1) Y(s) = U(s) \tag{4.2}$$

伝達関数を $G(s) = \dfrac{Y(s)}{U(s)}$ で表すと, 式 (4.2) より $G(s) = \dfrac{1}{s+1}$ である. すなわち $Y(s)$ と $U(s)$ の関係は $Y(s) = G(s)U(s)$ と表すことができる. ここで $u(t) = \sin \omega_0 t$ は表 3.1 から次のように表すことができる.

$$U(s) \quad = \quad \mathcal{L}\left[u(t)\right] \quad = \quad \mathcal{L}\left[\sin \omega_0 t\right] \quad = \quad \frac{\omega_0}{s^2 + \omega_0^2}$$

よって $Y(s) = \dfrac{1}{s+1} \cdot \dfrac{\omega_0}{s^2 + \omega_0^2}$ を得る. これを部分分数分解すると

$$\begin{aligned}
Y(s) &= \frac{A}{s+1} + \frac{B}{s+j\omega_0} + \frac{C}{s-j\omega_0} \\
&= \frac{\omega_0}{1+\omega_0^2} \cdot \frac{1}{s+1} + \frac{j(1+j\omega_0)}{2(1+\omega_0^2)} \cdot \frac{1}{s+j\omega_0} + \frac{-j(1-j\omega_0)}{2(1+\omega_0^2)} \cdot \frac{1}{s-j\omega_0} \\
&= \frac{1}{1+\omega_0^2} \left[\frac{\omega_0}{s+1} + \frac{1}{2} \left\{ (j-\omega_0) \cdot \frac{1}{s+j\omega_0} - (j+\omega_0) \cdot \frac{1}{s-j\omega_0} \right\} \right]
\end{aligned} \tag{4.3}$$

ここで j は虚数単位 $(j^2 = -1)$ である. 係数 A, B は

$$\begin{aligned}
(s+1)\left(\frac{A}{s+1} + \frac{B}{s+j\omega_0} + \frac{C}{s-j\omega_0} \right)\Bigg|_{s=-1} &= A = (s+1) \cdot \frac{1}{s+1} \cdot \frac{\omega_0}{s^2+\omega_0^2}\Bigg|_{s=-1} \\
&= \frac{\omega_0}{1+\omega_0^2}
\end{aligned}$$

21

$$
(s+j\omega_0)\left(\frac{A}{s+1}+\frac{B}{s+j\omega_0}+\frac{C}{s-j\omega_0}\right)\Bigg|_{s=-j\omega_0} = B
$$
$$
= (s+j\omega_0)\cdot\frac{1}{s+1}\cdot\frac{\omega_0}{(s+j\omega_0)(s-j\omega_0)}\Bigg|_{s=-j\omega_0}
$$
$$
= \frac{j(1+j\omega_0)}{2(1+\omega_0^2)}
$$

であり，C についても同様に求められる．以上より部分分数分解した $Y(s)$ を逆ラプラス変換してモデルの出力 $y(t)$ が次のように求められる．

$$
\begin{aligned}
y(t) &= \frac{1}{1+\omega_0^2}\left[\omega_0 e^{-t}+\frac{1}{2}\left\{(j-\omega_0)e^{-j\omega_0 t}-(j+\omega_0)e^{j\omega_0 t}\right\}\right]\\
&= \frac{1}{1+\omega_0^2}\left[\omega_0 e^{-t}-\frac{1}{2}\left\{\omega_0(e^{j\omega_0 t}+e^{-j\omega_0 t})+j(e^{j\omega_0 t}-e^{-j\omega_0 t})\right\}\right]\\
&= \frac{1}{1+\omega_0^2}\left\{\omega_0 e^{-t}-\frac{1}{2}(\omega_0\cdot 2\cos\omega_0 t+j\cdot 2j\sin\omega_0 t)\right\}\\
&= \frac{1}{1+\omega_0^2}\left\{\omega_0 e^{-t}+(\sin\omega_0 t-\omega_0\cos\omega_0 t)\right\}\\
&= \frac{\omega_0}{1+\omega_0^2}e^{-t}+\frac{1}{\sqrt{1+\omega_0^2}}\left(\frac{1}{\sqrt{1+\omega_0^2}}\sin\omega_0 t-\frac{\omega_0}{\sqrt{1+\omega_0^2}}\cos\omega_0 t\right)\\
&= \frac{\omega_0}{1+\omega_0^2}e^{-t}+\frac{1}{\sqrt{1+\omega_0^2}}\sin\left(\omega_0 t-\tan^{-1}\omega_0\right) \tag{4.4}
\end{aligned}
$$

ここではオイラーの公式 $e^{i\theta}=\cos\theta+i\sin\theta$ より $e^{\pm j\omega_0 t}=\cos\omega_0 t\pm j\sin\omega_0 t$ を利用して

$$
\begin{aligned}
e^{j\omega_0 t}+e^{-j\omega_0 t} &= 2\cos\omega_0 t\\
e^{j\omega_0 t}-e^{-j\omega_0 t} &= 2j\sin\omega_0 t
\end{aligned}
$$

を計算している．さらに加法定理 $\sin(\alpha-\beta)=\sin\alpha\cos\beta-\cos\alpha\sin\beta$ および $\cos\beta=1/\sqrt{1+\omega_0^2}$, $\sin\beta=\omega_0/\sqrt{1+\omega_0^2}$ を利用して $\tan\beta=\sin\beta/\cos\beta=\omega_0$, すなわち $\beta=\tan^{-1}\omega_0$ を求めている．

ところで，式 (4.1)，式 (4.4) は同じ解 (出力応答) である．すなわち，(a)(b) いずれの方法でも同じシステム出力を求められることが分かる．さらに $t\to\infty$ として定常状態を考えると式 (4.1)，式 (4.4) の右辺第 1 項は 0 となる．よって定常状態での応答は $y(t)=\dfrac{1}{\sqrt{1+\omega_0^2}}\sin\left(\omega_0 t-\tan^{-1}\omega_0\right)$ となる．

ここで改めて定常状態における入出力関係 (周波数特性) を考える．

$$
\text{入力}: u(t)=\sin\omega_0 t, \quad \text{出力}: y(t)=\frac{1}{\sqrt{1+\omega_0^2}}\sin\left(\omega_0 t-\tan^{-1}\omega_0\right) \tag{4.5}
$$

これらから次のことが分かる．

(1) 出力の振幅は，入力の $\dfrac{1}{\sqrt{1+\omega_0^2}}$ 倍である．

(2) 出力信号は入力と同じ周波数 $\dfrac{\omega_0}{2\pi}$(周期 $\dfrac{2\pi}{\omega_0}$[s]) であるが，位相は $\tan^{-1}\omega_0$ 遅れる．

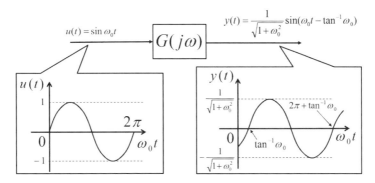

図 4.1: $\sin(\omega_0 t - \tan^{-1}\omega_0)$ が $\sin(\omega_0 t)$ と同じ値になるには，$\omega_0 t - \tan^{-1}\omega_0$ について $\omega_0 t$ の値が $\tan^{-1}\omega_0$ 分だけ余分に進む必要がある．言い換えれば，波形 $\sin(\omega_0 t - \tan^{-1}\omega_0)$ の位相が $\tan^{-1}\omega_0$ だけ遅れていることを表している．

つぎにこのモデルの伝達関数 $G(s) = \dfrac{1}{s+1}$ について $s = j\omega$ を代入すると

$$G(j\omega) = \frac{1}{j\omega + 1} = \frac{1}{1 + j\omega} = \frac{1 - j\omega}{(1 + j\omega)(1 - j\omega)} = \frac{1}{1 + \omega^2} + j\frac{(-\omega)}{1 + \omega^2}$$

と書くことができ，これは ω によって定まる複素数を表していることが分かる．この複素数の絶対値 (複素平面上の原点からの距離) は

$$\begin{aligned}|G(j\omega)| &= \sqrt{\left(\frac{1}{1+\omega^2}\right)^2 + \left(\frac{-\omega}{1+\omega^2}\right)^2} = \sqrt{\frac{1+\omega^2}{(1+\omega^2)^2}} = \sqrt{\frac{1}{1+\omega^2}} \\ &= \frac{1}{\sqrt{1+\omega^2}}\end{aligned}$$

と表すことができ，偏角 (実軸から反時計回りの向きになす角度) は以下で与えられる．

$$\angle G(j\omega) = \tan^{-1}\frac{\frac{-\omega}{1+\omega^2}}{\frac{1}{1+\omega^2}} = \tan^{-1}(-\omega) = -\tan^{-1}\omega$$

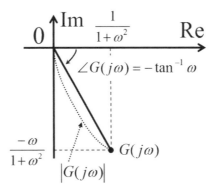

図 4.2: 周波数伝達関数 $G(j\omega) = \dfrac{1}{1+\omega^2} + j\dfrac{(-\omega)}{1+\omega^2}$ と $|G(j\omega)|$，$\angle G(j\omega)$ の関係

これらの $|G(j\omega)|$, $\angle G(j\omega)$ を用いると，入力 $u(t) = \sin\omega_0 t$ に対して定常状態における出力 $y(t)$ は $\omega = \omega_0$ とおいて

$$y(t) = |G(j\omega_0)|\sin(\omega_0 t + \angle G(j\omega_0)) \tag{4.6}$$

と書くことができる．言い換えれば，入力 $u(t) = \sin\omega_0 t$ に対する定常状態の出力 $y(t)$ は，(a) 微分方程式や (b) 伝達関数を利用して出力を計算しなくても，$|G(j\omega_0)|$ と $\angle G(j\omega_0)$ さえ分かれば知ることができる．

なお ω_0 を周波数に関する独立変数 ω とおいて得られる関数 $G(j\omega)$ $(0 < \omega < \infty)$ は周波数伝達関数 (周波数応答) と呼ばれ，$|G(j\omega_0)|$ や $\angle G(j\omega_0)$ を利用して，定常状態におけるシステムの出力を式 (4.6) のように記述できる．また $|G(j\omega)|$ はゲイン特性または振幅特性，$\angle G(j\omega)$ は位相特性と呼ばれるものである．

4.1 ボード線図

周波数伝達関数 $G(j\omega)$ のゲイン特性 $|G(j\omega)|$ と位相特性 $\angle G(j\omega)$ を周波数 ω の関数として 2 つのグラフに図示したものをボード線図と言い，それぞれ周波数 ω の入力信号とその出力信号の振幅の変化 (ゲイン特性) および位相の変化 (位相特性) の関係を表している (図 4.3)．なお，ゲイン特性は次式の様にデシベル [dB] を単位とし，位相特性は角度 [deg] を単位としている．

$$g(\omega) = 20\log_{10}|G(j\omega)| \quad [\text{dB}]$$

(注) $G(j\omega) = G_1(j\omega) \cdot G_2(j\omega)$ のように表される場合，以下の性質が成り立つ．

$$\begin{aligned}
g(\omega) &= 20\log_{10}|G(j\omega)| = 20\log_{10}|G_1(j\omega)\cdot G_2(j\omega)| \\
&= 20\log_{10}|G_1(j\omega)| + 20\log_{10}|G_2(j\omega)| = g_1(\omega) + g_2(\omega) \\
\angle G(j\omega) &= \angle G_1(j\omega) + \angle G_2(j\omega)
\end{aligned}$$

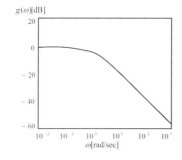
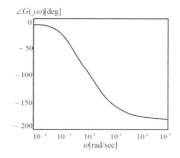

図 4.3: ボード線図：(左) ゲイン線図 ($g(\omega)$ のグラフ)，(右) 位相線図 ($\angle G(j\omega)$ のグラフ)．各図とも横軸は対数目盛であることに注意すること．

4.2 RL 回路の周波数特性

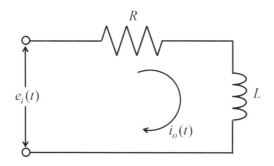

図 4.4: RL 回路

図 4.4 において入力信号 $u(t)$ を電圧 $e_i(t)$,出力信号 $y(t)$ を電流 $i_o(t)$ とすると RL 回路のモデルは次のように書ける.

$$L\frac{di_o(t)}{dt} + Ri_o(t) = e_i(t) \tag{4.7}$$

すべての初期値を 0 とするとこのモデルの伝達関数 $G(s)$ は $T = \dfrac{L}{R}$ とおいて

$$G(s) = \frac{1}{Ls + R} = \frac{1}{R} \cdot \frac{1}{Ts + 1} \tag{4.8}$$

よって周波数伝達関数 $G(j\omega)$ は次のように書ける.

$$\begin{aligned} G(j\omega) &= \frac{1}{R} \cdot \frac{1}{Tj\omega + 1} = \frac{1}{R}\frac{1 - j\omega T}{(1 + j\omega T)(1 - j\omega T)} \\ &= \frac{1}{R}\left(\frac{1}{1 + \omega^2 T^2} + j\frac{-\omega T}{1 + \omega^2 T^2}\right) \end{aligned} \tag{4.9}$$

実部の値が $\operatorname{Re}[G(j\omega)] = \dfrac{1}{R(1 + \omega^2 T^2)}$,虚部の値が $\operatorname{Im}[G(j\omega)] = \dfrac{-\omega T}{R(1 + \omega^2 T^2)}$ であるので

$$\begin{aligned} |G(j\omega)| &= \left|\frac{1}{R}\left(\frac{1}{1 + \omega^2 T^2} + j\frac{(-\omega T)}{1 + \omega^2 T^2}\right)\right| = \frac{1}{R}\sqrt{\frac{1 + (-\omega T)^2}{(1 + \omega^2 T^2)^2}} \\ &= \frac{1}{R}\frac{1}{\sqrt{1 + \omega^2 T^2}} \end{aligned} \tag{4.10}$$

$$\begin{aligned} \angle G(j\omega) &= \tan^{-1}\frac{-\omega T/R(1 + \omega^2 T^2)}{1/R(1 + \omega^2 T^2)} = \tan^{-1}(-\omega T) \\ &= -\tan^{-1}\omega T \end{aligned} \tag{4.11}$$

よって入力信号 $e_i(t) = \sin\omega t$ に対する出力信号 $i_0(t)$ の定常状態は次のように書ける.

$$i_o(t) = \frac{1}{R\sqrt{1 + \omega^2 T^2}}\sin\left(\omega t - \tan^{-1}\omega T\right) \tag{4.12}$$

以下では簡単のため $R = 1$ とおいてボード線図の概形を考える．周波数伝達関数は $G(j\omega) = \dfrac{1}{1 + j\omega T}$ であるので

$$|G(j\omega)| = \frac{1}{\sqrt{1 + \omega^2 T^2}} \tag{4.13}$$

$$\angle G(j\omega) = -\tan^{-1} \omega T \tag{4.14}$$

すなわち

$$\begin{aligned}
g(\omega) &= 20 \log_{10} |G(j\omega)| = 20 \log_{10} \left| \frac{1}{\sqrt{1 + \omega^2 T^2}} \right| \\
&= 20 \log_{10} 1 - 20 \log_{10} (1 + \omega^2 T^2)^{\frac{1}{2}} = -10 \log_{10}(1 + (\omega T)^2)
\end{aligned} \tag{4.15}$$

よって式 (4.14)，式 (4.15) および図 4.2 をもとに考えると，次の周波数における $g(\omega)$，$\angle G(j\omega)$ の値が計算できる．

$\omega T << 1$ のとき $g(\omega) \approx 0 [\text{dB}]$, $\angle G(j\omega) \approx 0 [\text{deg}]$

$\omega T = 1$ のとき $g(\omega) = -10 \log_{10} 2 \fallingdotseq -10 \times 0.3 = -3 [\text{dB}]$, $\angle G(j\omega) = -45 [\text{deg}]$

$\omega T >> 1$ のとき $g(\omega) = -10 \log_{10}(\omega T)^2 = -20 \log_{10} \omega T [\text{dB}]$, $\angle G(j\omega) = -90 [\text{deg}]$

これらの計算結果を利用して，次のようにボード線図の概形を描くことができる．

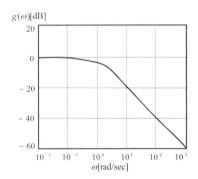 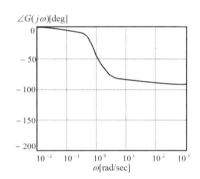

図 4.5: $T = 1$ とした場合の RL 回路のボード線図の概形：(左) ゲイン線図 ($g(\omega)$ のグラフ)，(右) 位相線図 ($\angle G(j\omega)$ のグラフ)

図 4.5 において，ゲイン特性は周波数が低い ($\omega << 1$) 場合 $g(\omega) \approx 0 [\text{dB}]$，すなわち $|G(j\omega)| \approx 1$ が成り立つ．入出力信号と伝達関数の関係は $G(s) = \dfrac{Y(s)}{U(s)}$ で表されているので，$G(j\omega) = \dfrac{Y(j\omega)}{U(j\omega)}$ である．これは $|G(j\omega)| = \left| \dfrac{Y(j\omega)}{U(j\omega)} \right| = \dfrac{|Y(j\omega)|}{|U(j\omega)|} \approx 1$，すなわち入出力信号の振幅比がほぼ 1 になる ($|Y(j\omega)| \approx |U(j\omega)|$ となり，入力の振幅の大きさに対して，出力の振幅の大きさがほとんど変わらない) ことを表している．一方周波数が高くなるにつれ入出力信号の振幅比が小さくなり，入力の振幅の大きさと比較して出力の振幅が小さくなることが分かる．具体的には，周波数 ω が 10 倍になるとゲイン $g(\omega)$ は 20[dB] 減少する (出力の振幅の大きさが入力の振幅の大きさの $\dfrac{1}{10}$ になる)．位相特性については，

周波数が低い場合は位相遅れがほとんど見られず，周波数が高くなるにつれ位相が遅れはじめ，最終的に $-90[\deg]$ まで位相が遅れる (入力信号の 1 周期の波形に対して $\frac{1}{4}$ 周期だけ出力信号の波形が遅れる) ことを表している．

4.3　RLC 回路の周波数特性

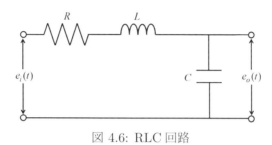

図 4.6: RLC 回路

図 4.6 において入力信号 $u(t)$ を電圧 $e_i(t)$，出力信号 $y(t)$ を電圧 $e_o(t)$ とする．RLC 回路の数学モデルは以下で与えられる．

$$LC\ddot{e}_o(t) + RC\dot{e}_o(t) + e_o(t) = e_i(t)$$

すべての初期値を 0 とするとこのモデルの伝達関数 $G(s)$ は $\omega_n = \frac{1}{\sqrt{LC}} > 0$, $\zeta = \frac{R}{2}\sqrt{\frac{C}{L}} > 0$ とおくと

$$G(s) = \frac{\omega_n^2}{s^2 + 2\zeta\omega_n s + \omega_n^2} \tag{4.16}$$

ここで $\omega_a = \frac{\omega}{\omega_n}$ とおくと周波数伝達関数 $G(j\omega)$ は以下のように与えられる．

$$G(j\omega) = \frac{\omega_n^2}{(\omega_n^2 - \omega^2) + j \cdot 2\zeta\omega_n\omega} = \frac{1}{(1 - \omega_a^2) + 2j\zeta\omega_a} \tag{4.17}$$

周波数 ω_a で表された式 (4.17) を，分かりやすくするため $G(j\omega_a)$ で置き直すと

$$|G(j\omega_a)| = \frac{1}{\sqrt{(1 - \omega_a^2)^2 + (2\zeta\omega_a)^2}} \tag{4.18}$$

$$\angle G(j\omega_a) = \tan^{-1}\frac{-2\zeta\omega_a}{1 - \omega_a^2} = -\tan^{-1}\frac{2\zeta\omega_a}{1 - \omega_a^2} \tag{4.19}$$

4.2 節と同様にするとゲイン特性は

$$g(\omega_a) = 20\log_{10}|G(j\omega_a)| = -20\log_{10}\sqrt{(1 - \omega_a^2)^2 + (2\zeta\omega_a)^2}$$

と書ける．これらより

$\omega_a << 1$ のとき: $g(\omega_a) \approx 0[\text{dB}]$, $\angle G(j\omega_a) \approx -\tan^{-1} 0 = 0[\text{deg}]$

$\omega_a = 1$ のとき: $g(\omega_a) = -20\log_{10}(2\zeta)[\text{dB}]$, $\angle G(j\omega_a) = -\tan^{-1}\infty = -90[\text{deg}]$

$\omega_a >> 1$ のとき:
$$g(\omega_a) = -20\log_{10}\omega_a^2 = -40\log_{10}\omega_a[\text{dB}], \quad \angle G(j\omega_a) \approx -\tan^{-1}\frac{1}{-\infty} = -180[\text{deg}]$$

これらをもとにボード線図の外形を考えると，$\omega_a << 1$ と $\omega_a >> 1$ の場合はそれぞれゲイン特性が $0[\text{dB}]$ と $-40[\text{dB}]/\text{dec}$ (ω_a が 10 倍になるとゲインが $40[\text{dB}]$ 減衰) の直線に漸近する．$\omega_a = 1$ の時のゲインは ζ に依存し，ζ が 0 に近い場合はゲインの値が正となることがある (ζ の値が 0 に近いとき，ゲインがいったん増加しその後減少するといったピークを持つことがある)．例えば $\omega_a = 1$ で $\zeta = \frac{1}{20} = 0.05$ のとき，$g(1) = -20\log_{10}\left(\frac{2}{20}\right) = -20\log_{10}10^{-1} = 20[\text{dB}]$ の様にゲインが正の値になる．

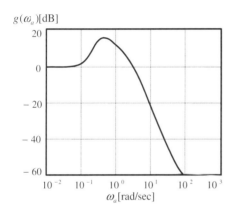 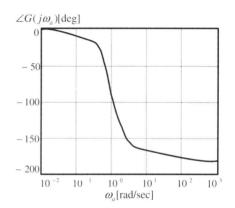

図 4.7: RLC 回路のボード線図の概形：(左) ゲイン線図 ($g(\omega)$ のグラフ)，(右) 位相線図 ($\angle G(j\omega)$ のグラフ)．

以下では，ゲイン特性がどこでピークを持つか考えてみる．まず式 (4.18) の右辺の分母の $\sqrt{}$ の中身を平方完成させると

$$\begin{aligned}(1-\omega_a^2)^2 + (2\zeta\omega_a)^2 &= 1 + \omega_a^4 - 2\omega_a^2 + 4\zeta^2\omega_a^2 = \{\omega_a^2 - (1-2\zeta^2)\}^2 - (1-2\zeta^2)^2 + 1 \\ &= \left\{\left(\omega_a - \sqrt{1-2\zeta^2}\right)\left(\omega_a + \sqrt{1-2\zeta^2}\right)\right\}^2 + 4\zeta^2\left(1-\zeta^2\right)\end{aligned}$$

ω_a は実数かつ正なので $|G(j\omega_a)|$ を最大にする ($|G(j\omega_a)|$ の右辺の分母の $\sqrt{}$ の中身を最小にする) のは $\omega_a = \sqrt{1-2\zeta^2}$ の場合である．また ω_a ではなく ω に書き戻してみると，$\omega_a = \frac{\omega}{\omega_n}$ としていたので $\omega = \omega_n\sqrt{1-2\zeta^2}$ の場合に $|G(j\omega)|$ は最大となり，そのピーク値は $|G(j\omega)| = \frac{1}{\sqrt{4\zeta^2(1-\zeta^2)}} = \frac{1}{2\zeta\sqrt{1-\zeta^2}}$ である．すなわち $g(\omega) = 20\log_{10}|G(j\omega)| = -20\log_{10}\left(2\zeta\sqrt{1-\zeta^2}\right)$ がゲイン線図におけるピーク値となる．なお，ピーク周波数 $\omega = \omega_n\sqrt{1-2\zeta^2}$ が存在するには $1 - 2\zeta^2 > 0$, すなわち $\left(\zeta - \frac{1}{\sqrt{2}}\right)\left(\zeta + \frac{1}{\sqrt{2}}\right) < 0$ および

$0 < \zeta$ の条件から $0 < \zeta < \dfrac{1}{\sqrt{2}}$ でなければならない.

演習課題

次の周波数伝達関数について，ボード線図の概形を描け.

(1) $G(\mathrm{j}\omega) = K$, ただし K は定数で $K > 0$.

(2) $G(\mathrm{j}\omega) = \dfrac{\mathrm{j}\omega T}{1 + \mathrm{j}\omega T}$, ただし T は定数で $T > 0$.

第5章　力学系のモデリングと状態方程式

以下では入力信号を力やトルク，それによって得られる出力信号を位置や角度とするシステムを力学系であると定義する．まず，力学系のモデリングに必要な単位を表 5.1 にまとめる．

表 5.1: 単位の定義

位置	[m]
時間	[s]
質量	[kg] 加速度に対する物体の動き (止まり) にくさ
慣性モーメント	[kg · m^2] 角加速度に対する物体の回り (止まり) にくさ
力	[N] 物体の並進運動に変化を与える原因となるもの
トルク	[N · m] 物体の回転運動に変化を与える原因となるもの
仕事	[J] ([kg · m^2/s^2]) 1[N] の力で物体を 1[m] 動かす時の量
仕事率	[W] ([J/s]) 1[s] 当たりにする仕事の量

ニュートンの運動の法則

(a) 第1法則 · · · 質量 m の物体が力 F を受けて速度 v で運動するとき，mv を運動量と呼ぶ．力学系の運動量は外力が無いときは一定．すなわち静止している物体はその状態を保ち，運動している物体は等速運動を続ける．この性質を慣性の法則と呼ぶ．また，慣性モーメント J の物体がトルク T を受けて角速度 ω で運動するとき，$J\omega$ を角運動量と呼び，外部トルクが無いときは静止，または等速円運動を続ける．

(b) 第2法則 · · · 並進運動のとき $\dfrac{d}{dt}mv = F$ という関係がある．m が一定ならば $m\dfrac{dv}{dt} = ma = F$ である．この式は物体の加速度 a がそれに働く力 F に比例することを表している．回転運動の場合には，J が一定ならば $\dfrac{d\omega}{dt} = a$ を角加速度とすると $J\dfrac{d\omega}{dt} = Ja = T$ となる．

(c) 第3法則 · · · 力を及ぼし合う 2 つの物体は相手から受ける力は同一作用線上にある．またその大きさは等しいが，向きが反対である (作用・反作用の法則)．

5.1 状態方程式

システムを表現する方法として，これまで微分方程式と伝達関数について記述してきた．以下ではシステムを表現するもう一つの方法として状態方程式を紹介する．システムの数学モデルとして得られた微分方程式は入出力信号の微分値の線形和からなる n 階線形微分方程式であった．伝達関数はそのシステムの入出力関係を (s 領域で) 表した有理関数であったが，状態方程式は入出力関係をシステムの内部状態を表す状態変数を介して (時間領域で) 表した 1 階線形微分方程式であり，制御系設計をしやすくするためにこれらの表現法が用いられている．

<u>状態方程式の求め方</u>

n 階定数係数線形常微分方程式が次のように与えられたとする．ここで $y(t)$ は出力信号，$u(t)$ は入力信号であるとする．

$$a_n \frac{d^n y(t)}{dt^n} + a_{n-1} \frac{d^{n-1} y(t)}{dt^{n-1}} + \cdots + a_1 \frac{dy(t)}{dt} + a_0 y(t) = u(t)$$

$i = 1, \cdots, n$ に対して状態変数 x_i をつぎのように定義すると

$$
\begin{aligned}
x_1 &= y \\
x_2 &= \frac{dy}{dt} = \dot{x}_1 \\
x_3 &= \frac{d^2 y}{dt^2} = \dot{x}_2 \\
&\vdots \\
x_n &= \dot{x}_{n-1}
\end{aligned}
$$

n 階定数係数線形常微分方程式は

$$
\begin{aligned}
\dot{x}_1 &= x_2 \\
\dot{x}_2 &= x_3 \\
&\vdots \\
\dot{x}_{n-1} &= x_n \\
\dot{x}_n &= \frac{d^n y}{dt^n} = -\frac{a_{n-1}}{a_n} x_n - \frac{a_{n-2}}{a_n} x_{n-1} - \cdots - \frac{a_1}{a_n} x_2 - \frac{a_0}{a_n} x_1 + \frac{1}{a_n} u
\end{aligned}
$$

のように表すことができる．なお，ここでは時間 t についての関数であることを意味する $x_i(t)$ の "(t)" は省略して記述した．さらに状態変数からなる状態ベクトルを

$$
\boldsymbol{x}(t) = \begin{bmatrix} x_1(t) \\ x_2(t) \\ \vdots \\ x_n(t) \end{bmatrix} = [x_1(t) \cdots x_n(t)]^T
$$

と定義すると，状態方程式は次のように表現できる．

$$\dot{\boldsymbol{x}}(t) = \begin{bmatrix} 0 & 1 & 0 & \cdots & 0 \\ 0 & 0 & 1 & \cdots & 0 \\ \vdots & \vdots & \vdots & \ddots & \vdots \\ 0 & 0 & 0 & \cdots & 1 \\ -a_0/a_n & -a_1/a_n & -a_2/a_n & \cdots & -a_{n-1}/a_n \end{bmatrix} \boldsymbol{x}(t) + \begin{bmatrix} 0 \\ 0 \\ \vdots \\ 1/a_n \end{bmatrix} u(t) \quad (5.1)$$

右辺第 1 項の行列を $\boldsymbol{A}$，第 2 項のベクトルを $\boldsymbol{b}$ とおくと，次の状態方程式が得られる．

$$\dot{\boldsymbol{x}}(t) = \boldsymbol{A}\boldsymbol{x}(t) + \boldsymbol{b}u(t) \quad (5.2)$$

また，出力信号 $y(t)$ は $y(t) = x_1(t)$ であるので

$$y(t) = \begin{bmatrix} 1 & 0 & \cdots & 0 \end{bmatrix} \boldsymbol{x}(t) \quad (5.3)$$

右辺第 1 項のベクトルを $\boldsymbol{c}$ とおくと次の出力方程式が得られる．

$$y(t) = \boldsymbol{c}\boldsymbol{x}(t) \quad (5.4)$$

これら二つの式 (5.2)，式 (5.4) を合わせたものを状態空間表現と呼ぶ．

$$\dot{\boldsymbol{x}}(t) = \boldsymbol{A}\boldsymbol{x}(t) + \boldsymbol{b}u(t)$$
$$y(t) = \boldsymbol{c}\boldsymbol{x}(t)$$

5.2 力学系の数学モデルの状態空間表現

(例 1)

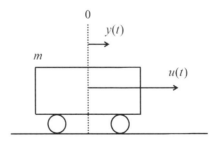

図 5.1: 台車の運動に関するモデル

図 5.1 に示すように質量 m[kg] の台車に対して力 $u(t)$[N] を加えた時の台車位置 $y(t)$[m] について考える．また，ここでは台車と床の間に摩擦はないものとする．力 $u(t)$ が加えられた時のこの台車の運動方程式は次のように与えられる．

$$m\ddot{y}(t) = u(t)$$

よって $x_1(t) = y(t)$, $x_2(t) = \dot{y}(t) = \dot{x}_1(t)$ とおくと $\dot{x}_1(t) = \dot{y} = x_2(t)$, $\dot{x}_2(t) = \ddot{y}(t) = \frac{1}{m}u(t)$ と書ける．以上より状態空間表現は次式で与えられる．

$$\begin{bmatrix} \dot{x}_1(t) \\ \dot{x}_2(t) \end{bmatrix} = \begin{bmatrix} 0 & 1 \\ 0 & 0 \end{bmatrix} \begin{bmatrix} x_1(t) \\ x_2(t) \end{bmatrix} + \begin{bmatrix} 0 \\ \frac{1}{m} \end{bmatrix} u(t) \quad \cdots 状態方程式$$

$$y(t) = \begin{bmatrix} 1 & 0 \end{bmatrix} \begin{bmatrix} x_1(t) \\ x_2(t) \end{bmatrix} \quad \cdots 出力方程式$$

もとの運動方程式は2階微分方程式であったが，状態空間表現によって $\bm{x}(t) = [x_1(t) \cdots x_n(t)]^T$ に関する1階の連立線形微分方程式に書き改められる．

(例 2)

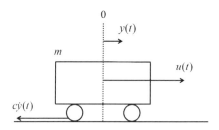

図 5.2: 台車の運動に関するモデル

図 5.2 に示すように，例 1 の環境に加えて台車と床の間に一定の摩擦が働くものとする．この摩擦係数を c[Ns/m] とするとき力 $u(t)$ と位置 $y(t)$ についての運動方程式を求め，それを状態空間表現にすることを考える．

力のつりあいを考えると台車の運動方程式は以下で与えられる．

$$m\ddot{y}(t) = -c\dot{y}(t) + u(t)$$

ここで $x_1(t) = y(t)$, $x_2(t) = \dot{y}(t) = \dot{x}_1(t)$ とおくと $\dot{x}_1(t) = \dot{y}(t) = x_2(t)$, $\dot{x}_2(t) = \ddot{y}(t) = -\frac{c}{m}\dot{y}(t) + \frac{1}{m}u(t) = -\frac{c}{m}x_2(t) + \frac{1}{m}u(t)$ と表すことができる．よって次の状態空間表現を得ることができる．

$$\begin{bmatrix} \dot{x}_1(t) \\ \dot{x}_2(t) \end{bmatrix} = \begin{bmatrix} 0 & 1 \\ 0 & -\frac{c}{m} \end{bmatrix} \begin{bmatrix} x_1(t) \\ x_2(t) \end{bmatrix} + \begin{bmatrix} 0 \\ \frac{1}{m} \end{bmatrix} u(t) \quad \cdots 状態方程式$$

$$y(t) = \begin{bmatrix} 1 & 0 \end{bmatrix} \begin{bmatrix} x_1(t) \\ x_2(t) \end{bmatrix} \quad \cdots 出力方程式$$

(例 3) 図 5.3 に示すように，質量 m[kg] の台車に対して力 $u(t)$[N] を加えた時の台車位置 $y(t)$[m] について考える．ただし，壁面と台車の間にはばね (ばね定数 k[N/m]) およびダ

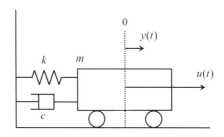

図 5.3: 台車の運動に関するモデル

ンパ (粘性摩擦係数 $c[\text{Ns/m}]$) が接続されているものとする．また，床と台車の間には摩擦はないものとする．力のつりあいを考えると台車の運動方程式は以下で与えられる．

$$m\ddot{y}(t) = -c\dot{y}(t) - ky(t) + u(t)$$

$x_1(t) = y(t)$, $x_2(t) = \dot{y}(t) = \dot{x}_1(t)$ とおくと，$\dot{x}_1(t) = \dot{y}(t) = x_2(t)$, $\dot{x}_2(t) = \ddot{y}(t) = -\dfrac{c}{m}\dot{y}(t) - \dfrac{k}{m}y(t) + \dfrac{1}{m}u(t) = -\dfrac{c}{m}x_2(t) - \dfrac{k}{m}x_1(t) + \dfrac{1}{m}u(t)$ と書くことができる．よって状態空間表現は以下で与えられる．

$$\begin{bmatrix} \dot{x}_1(t) \\ \dot{x}_2(t) \end{bmatrix} = \begin{bmatrix} 0 & 1 \\ -\dfrac{k}{m} & -\dfrac{c}{m} \end{bmatrix} \begin{bmatrix} x_1(t) \\ x_2(t) \end{bmatrix} + \begin{bmatrix} 0 \\ \dfrac{1}{m} \end{bmatrix} u(t) \quad \cdots 状態方程式$$

$$y(t) = \begin{bmatrix} 1 & 0 \end{bmatrix} \begin{bmatrix} x_1(t) \\ x_2(t) \end{bmatrix} \quad \cdots 出力方程式$$

さらに

$$\boldsymbol{x}(t) = \begin{bmatrix} \dot{x}_1(t) \\ \dot{x}_2(t) \end{bmatrix},\ \boldsymbol{A} = \begin{bmatrix} 0 & 1 \\ -\dfrac{k}{m} & -\dfrac{c}{m} \end{bmatrix},\ \boldsymbol{b} = \begin{bmatrix} 0 \\ \dfrac{1}{m} \end{bmatrix},\ \boldsymbol{c} = \begin{bmatrix} 1 & 0 \end{bmatrix}$$

とおくと，上式の状態空間表現は次のように書き改めることができる．

$$\begin{aligned} \dot{\boldsymbol{x}}(t) &= \boldsymbol{A}\boldsymbol{x}(t) + \boldsymbol{b}u(t) \\ y(t) &= \boldsymbol{c}\boldsymbol{x}(t) \end{aligned} \tag{5.5}$$

この表現は，これまで見てきた例1，例2においても同様の形式で表すことができる．すなわち，与えられた数学モデルが異なっていても，状態空間表現を行えば，統一的に式 (5.5) の形式で扱うことが可能となる．言い換えれば，数学モデルの特性が状態空間表現の $\boldsymbol{A}$, $\boldsymbol{b}$, $\boldsymbol{c}$ といった行列やベクトルで線形代数的に表現できる．伝達関数は入力 $u(t)$ と出力 $y(t)$ の関係を表すものであったが，状態空間表現はシステムの内部の状態 (ここでは速度と加速度) を状態変数 $\boldsymbol{x}(t)$ で表し，それを介してシステムの入出力関係を表現している．

演習課題

(1) 例 3 においてダンパの粘性摩擦係数を c_1，さらに床と台車に摩擦があるものとして，その摩擦係数を c_2 としたとき，

   (a) 台車の運動方程式を求めよ．

   (b) (a) をもとに状態空間表現を求めよ．

(2) 例 1 において $0 \leq t$ のときを考える．$u(t) = 0$，$y(0) = 0$，$\dot{y}(0) = 1$ のときの $y(t)$ のグラフを描け．

第6章 状態空間表現と伝達関数

これまでシステムの表現法として伝達関数および状態空間表現による方法を紹介した．本章では両者の関係を中心に見ておく．入力信号を $u(t)$，出力信号を $y(t)$ とおき，つぎの微分方程式で記述されるシステムを考える．

$$\ddot{y}(t) + a_1\dot{y}(t) + a_0 y(t) = b_0 u(t) \tag{6.1}$$

ここで a_0，a_1，b_0 は定数，$\dot{y}(t) = \dfrac{dy(t)}{dt}$，$\ddot{y}(t) = \dfrac{d^2 y(t)}{dt^2}$ である．すべての初期値を 0 とおき，与式の両辺をラプラス変換すると

$$\mathcal{L}[\ddot{y}(t) + a_1\dot{y}(t) + a_0 y(t)] = \mathcal{L}[b_0 u(t)] \quad \Rightarrow \quad (s^2 + a_1 s + a_0)Y(s) = b_0 U(s) \tag{6.2}$$

伝達関数を $G(s) = \dfrac{Y(s)}{U(s)}$ で定義すると，$G(s)$ は次のように書くことができる．

$$G(s) = \frac{b_0}{s^2 + a_1 s + a_0} \tag{6.3}$$

つぎに，式 (6.1) に対して $x_1(t) = y(t)$，$x_2(t) = \dot{y}(t) = \dot{x}_1(t)$ とおくと $\dot{x}_1(t) = \dot{y}(t) = x_2(t)$，$\dot{x}_2(t) = \ddot{y}(t) = -a_1\dot{y}(t) - a_0 y(t) + b_0 u(t) = -a_0 x_1(t) - a_1 x_2(t) + b_0 u(t)$ と書くことができる．よって状態空間表現として以下を得る．

$$\begin{bmatrix} \dot{x}_1(t) \\ \dot{x}_2(t) \end{bmatrix} = \begin{bmatrix} 0 & 1 \\ -a_0 & -a_1 \end{bmatrix} \begin{bmatrix} x_1(t) \\ x_2(t) \end{bmatrix} + \begin{bmatrix} 0 \\ b_0 \end{bmatrix} u(t) \tag{6.4}$$

$$y(t) = \begin{bmatrix} 1 & 0 \end{bmatrix} \begin{bmatrix} x_1(t) \\ x_2(t) \end{bmatrix} \tag{6.5}$$

ここで

$$\boldsymbol{x}(t) = \begin{bmatrix} \dot{x}_1(t) \\ \dot{x}_2(t) \end{bmatrix}, \; \boldsymbol{A} = \begin{bmatrix} 0 & 1 \\ -a_0 & -a_1 \end{bmatrix}, \; \boldsymbol{b} = \begin{bmatrix} 0 \\ b_0 \end{bmatrix}, \; \boldsymbol{c} = \begin{bmatrix} 1 & 0 \end{bmatrix}$$

として上式を書き改めると

$$\begin{aligned} \dot{\boldsymbol{x}}(t) &= \boldsymbol{A}\boldsymbol{x}(t) + \boldsymbol{b}u(t) \\ y(t) &= \boldsymbol{c}\boldsymbol{x}(t) \end{aligned} \tag{6.6}$$

を得る．式 (6.6) の状態空間表現を初期値をすべて 0 としてラプラス変換すると，これまでと同じ考えにしたがい次のように書ける．

$$
\begin{array}{ccccccccc}
\mathcal{L}\left[\dot{\boldsymbol{x}}(t)\right] & = & \mathcal{L}\left[\boldsymbol{A}\boldsymbol{x}(t) + \boldsymbol{b}u(t)\right] & & \Rightarrow & & s\boldsymbol{X}(s) & = & \boldsymbol{A}\boldsymbol{X}(s) + \boldsymbol{b}U(s) \\
\mathcal{L}\left[y(t)\right] & = & \mathcal{L}\left[\boldsymbol{c}\boldsymbol{x}(t)\right] & & & & Y(s) & = & \boldsymbol{c}\boldsymbol{X}(s)
\end{array}
\tag{6.7}
$$

ここで $\boldsymbol{X}(s) = \mathcal{L}\left[\boldsymbol{x}(t)\right],\ Y(s) = \mathcal{L}\left[y(t)\right],\ U(s) = \mathcal{L}\left[u(t)\right]$ とおいた. 式 (6.7) の状態方程式を $\boldsymbol{X}(s)$ について解くと

$$
(s\boldsymbol{I} - \boldsymbol{A})\boldsymbol{X}(s) = \boldsymbol{b}U(s) \ \Rightarrow \ \boldsymbol{X}(s) = (s\boldsymbol{I} - \boldsymbol{A})^{-1}\boldsymbol{b}U(s)
\tag{6.8}
$$

これを式 (6.7) の出力方程式 $Y(s) = \boldsymbol{c}\boldsymbol{X}(s)$ に代入すると以下を得る.

$$
Y(s) = \boldsymbol{c}(s\boldsymbol{I} - \boldsymbol{A})^{-1}\boldsymbol{b}U(s)
\tag{6.9}
$$

すなわち $G(s) = \dfrac{Y(s)}{U(s)} = \boldsymbol{c}(s\boldsymbol{I} - \boldsymbol{A})^{-1}\boldsymbol{b}$ であることが分かる. これは以下の関係が成り立つことを表している.

$$
\boldsymbol{c}(s\boldsymbol{I} - \boldsymbol{A})^{-1}\boldsymbol{b} \ = \ \frac{b_0}{s^2 + a_1 s + a_0}
\tag{6.10}
$$

式 (6.10) の確認

$\boldsymbol{c}(s\boldsymbol{I} - \boldsymbol{A})^{-1}\boldsymbol{b}$ を実際に計算する.

$$
(s\boldsymbol{I} - \boldsymbol{A}) \ = \ \begin{bmatrix} s & 0 \\ 0 & s \end{bmatrix} - \begin{bmatrix} 0 & 1 \\ -a_0 & -a_1 \end{bmatrix} \ = \ \begin{bmatrix} s & -1 \\ a_0 & s + a_1 \end{bmatrix}
\tag{6.11}
$$

$$
\begin{aligned}
(s\boldsymbol{I} - \boldsymbol{A})^{-1} \ &= \ \begin{bmatrix} s & -1 \\ a_0 & s + a_1 \end{bmatrix}^{-1} \ = \ \frac{1}{s(s + a_1) + a_0} \begin{bmatrix} s + a_1 & 1 \\ -a_0 & s \end{bmatrix} \\
&= \ \frac{1}{s^2 + a_1 s + a_0} \begin{bmatrix} s + a_1 & 1 \\ -a_0 & s \end{bmatrix}
\end{aligned}
\tag{6.12}
$$

よって

$$
\begin{aligned}
\boldsymbol{c}(s\boldsymbol{I} - \boldsymbol{A})^{-1}\boldsymbol{b} \ &= \ \frac{1}{s^2 + a_1 s + a_0} \begin{bmatrix} 1 & 0 \end{bmatrix} \begin{bmatrix} s + a_1 & 1 \\ -a_0 & s \end{bmatrix} \begin{bmatrix} 0 \\ b_0 \end{bmatrix} \\
&= \ \frac{1}{s^2 + a_1 s + a_0} \begin{bmatrix} s + a_1 & 1 \end{bmatrix} \begin{bmatrix} 0 \\ b_0 \end{bmatrix} \\
&= \ \frac{b_0}{s^2 + a_1 s + a_0}
\end{aligned}
\tag{6.13}
$$

以上より，表現は全く異なるが状態空間表現と伝達関数は同じシステム (ここでは $\ddot{y}(t) + a_1\dot{y}(t) + a_0 y(t) = b_0 u(t)$) を表現していることが分かる.

6.1 状態空間表現の自由度

入出力関係のみを表した伝達関数はシステムの表現が一意に定まるが，状態空間表現では内部状態を表す状態変数 $\boldsymbol{x}(t)$ の与え方によってその表現に自由度がある．以下ではこの自由度について考える．まずシステムが次の状態空間表現で与えられているとする．

$$\dot{\boldsymbol{x}}(t) = \boldsymbol{A}\boldsymbol{x}(t) + \boldsymbol{b}u(t) \tag{6.14}$$

$$y(t) = \boldsymbol{c}\boldsymbol{x}(t) \tag{6.15}$$

これに対して，正則な行列 (逆行列が存在する行列)$\boldsymbol{T}$ を用いて状態変数 $\boldsymbol{x}(t)$ を次のように 1 次変換する．

$$\boldsymbol{z}(t) = \boldsymbol{T}\boldsymbol{x}(t) \tag{6.16}$$

これは $\boldsymbol{x}(t) = \boldsymbol{T}^{-1}\boldsymbol{z}(t)$ と書けるので，式 (6.14)，式 (6.15) に代入すると

$$\begin{aligned} \dot{\boldsymbol{x}}(t) &= \boldsymbol{A}\boldsymbol{x}(t) + \boldsymbol{b}u(t) \\ y(t) &= \boldsymbol{c}\boldsymbol{x}(t) \end{aligned} \quad \Rightarrow \quad \begin{aligned} \boldsymbol{T}^{-1}\dot{\boldsymbol{z}}(t) &= \boldsymbol{A}\boldsymbol{T}^{-1}\boldsymbol{z}(t) + \boldsymbol{b}u(t) \\ y(t) &= \boldsymbol{c}\boldsymbol{T}^{-1}\boldsymbol{z}(t) \end{aligned}$$

$$\Rightarrow \quad \begin{aligned} \dot{\boldsymbol{z}}(t) &= \boldsymbol{T}\boldsymbol{A}\boldsymbol{T}^{-1}\boldsymbol{z}(t) + \boldsymbol{T}\boldsymbol{b}u(t) \\ y(t) &= \boldsymbol{c}\boldsymbol{T}^{-1}\boldsymbol{z}(t) \end{aligned} \tag{6.17}$$

ここで $\overline{\boldsymbol{A}} = \boldsymbol{T}\boldsymbol{A}\boldsymbol{T}^{-1}$, $\overline{\boldsymbol{b}} = \boldsymbol{T}\boldsymbol{b}$, $\overline{\boldsymbol{c}} = \boldsymbol{c}\boldsymbol{T}^{-1}$ とおくと

$$\dot{\boldsymbol{z}}(t) = \overline{\boldsymbol{A}}\boldsymbol{z}(t) + \overline{\boldsymbol{b}}u(t) \tag{6.18}$$

$$y(t) = \overline{\boldsymbol{c}}\boldsymbol{z}(t) \tag{6.19}$$

が得られる (式 (6.6) とは異なる表現が得られた).

(例) 式 (6.4)，式 (6.5) の状態空間表現に対して，$z_1(t)$ を $x_2(t)$，$z_2(t)$ を $x_1(t)$ と選ぶと

$$\boldsymbol{z}(t) = \left[\begin{array}{c} z_1(t) \\ z_2(t) \end{array}\right] = \left[\begin{array}{c} x_2(t) \\ x_1(t) \end{array}\right] = \left[\begin{array}{cc} 0 & 1 \\ 1 & 0 \end{array}\right]\left[\begin{array}{c} x_1(t) \\ x_2(t) \end{array}\right] \tag{6.20}$$

すなわち

$$\boldsymbol{T} = \left[\begin{array}{cc} 0 & 1 \\ 1 & 0 \end{array}\right], \quad \boldsymbol{T}^{-1} = \left[\begin{array}{cc} 0 & 1 \\ 1 & 0 \end{array}\right]$$

この $\boldsymbol{T}$ を用いて $\boldsymbol{z}(t)$ についての状態空間表現に変換すると

$$\left[\begin{array}{c} \dot{z}_1(t) \\ \dot{z}_2(t) \end{array}\right] = \left[\begin{array}{cc} 0 & 1 \\ 1 & 0 \end{array}\right]\left[\begin{array}{cc} 0 & 1 \\ -a_0 & -a_1 \end{array}\right]\left[\begin{array}{cc} 0 & 1 \\ 1 & 0 \end{array}\right]\left[\begin{array}{c} z_1(t) \\ z_2(t) \end{array}\right] + \left[\begin{array}{cc} 0 & 1 \\ 1 & 0 \end{array}\right]\left[\begin{array}{c} 0 \\ b_0 \end{array}\right]u(t) \tag{6.21}$$

$$y(t) = \left[\begin{array}{cc} 1 & 0 \end{array}\right]\left[\begin{array}{cc} 0 & 1 \\ 1 & 0 \end{array}\right]\left[\begin{array}{c} z_1(t) \\ z_2(t) \end{array}\right] \tag{6.22}$$

よって以下のようにまとめることができる.

$$
\begin{bmatrix} \dot{z}_1(t) \\ \dot{z}_2(t) \end{bmatrix} = \begin{bmatrix} -a_1 & -a_0 \\ 1 & 0 \end{bmatrix} \begin{bmatrix} z_1(t) \\ z_2(t) \end{bmatrix} + \begin{bmatrix} b_0 \\ 0 \end{bmatrix} u(t)
$$

$$
y(t) = \begin{bmatrix} 0 & 1 \end{bmatrix} \begin{bmatrix} z_1(t) \\ z_2(t) \end{bmatrix}
$$

なお変数変換後の伝達関数 $\overline{G}(s)$ ともとの $G(s)$ の間には以下の関係が成り立つ.

$$
\overline{G}(s) = \overline{c}(sI - \overline{A})^{-1}\overline{b} = c(sI - A)^{-1}b = G(s)
$$

6.2 状態方程式の解

状態遷移行列 e^{At} の定義

$$
e^{At} = I + At + \frac{1}{2!}A^2t^2 + \cdots + \frac{1}{k!}A^kt^k + \cdots = \sum_{k=0}^{\infty}\frac{1}{k!}A^kt^k \qquad (6.23)
$$

e^{At} の性質

$$
\begin{aligned}
微分: & \quad \frac{d}{dt}e^{At} = Ae^{At} = e^{At}A \\
逆行列: & \quad \left(e^{At}\right)^{-1} = e^{-At} \\
乗算: & \quad e^{At} \cdot e^{A\tau} = e^{A(t+\tau)}
\end{aligned} \qquad (6.24)
$$

ここで状態変数 $x(t)$ がスカラの 1 階微分方程式 $\dot{x}(t) = ax(t)$(ただし $x(0) = x_0$)を表す場合,その解は $x(t) = e^{at}x_0$ で与えられる(この解を $\dot{x}(t) = ax(t)$ に代入すると $\dot{x}(t) = \frac{d}{dt}x(t) = \frac{d}{dt}e^{at}x_0 = ae^{at}x_0 = ax(t)$).すなわち与えられた微分方程式を満足するので $x(t) = e^{at}x_0$ は解である.この関係をふまえて状態変数 $x(t)$ がベクトルの場合の 1 階微分方程式を考える.まず状態方程式に対して $u(t) = 0$,初期値を x_0 とおくと

$$
\dot{x}(t) = Ax(t), \quad \dot{x}(0) = x_0
$$

のように書ける.この状態方程式に対する解は状態遷移行列 e^{At} を用いればスカラの場合と同様に $x(t) = e^{At}x_0$ で与えられる(e^{At} の微分の性質を利用すると,$\dot{x}(t) = \frac{d}{dt}x(t) = \frac{d}{dt}e^{At}x_0 = Ae^{At}x_0 = Ax(t)$).このことは,求めた $x(t)$ と出力方程式によって $y(t)$ が計算できることを表している.すなわち e^{At} が計算できれば出力 $y(t)$ を知ることができる.

逆ラプラス変換を用いた e^{At} の計算法

$\frac{d}{dt}e^{At} = Ae^{At}$ より,$\Phi(t) = e^{At}$ とおくと $\dot{\Phi}(t) = A\Phi(t)$.また,e^{At} の定義から $\Phi(0) = I$.ここで $\dot{\Phi}(t) = A\Phi(t)$ について $\mathcal{L}[\Phi(t)] = \Phi(s)$ のようにラプラス変換する

40

と $s\boldsymbol{\Phi}(s) - \boldsymbol{\Phi}(0) = \boldsymbol{A}\boldsymbol{\Phi}(s)$. $\boldsymbol{\Phi}(0) = \boldsymbol{I}$ であることから $s\boldsymbol{\Phi}(s) - \boldsymbol{I} = \boldsymbol{A}\boldsymbol{\Phi}(s)$. まとめると $(s\boldsymbol{I} - \boldsymbol{A})\boldsymbol{\Phi}(s) = \boldsymbol{I}$. よって $\boldsymbol{\Phi}(s) = (s\boldsymbol{I} - \boldsymbol{A})^{-1}$. すなわち $\boldsymbol{\Phi}(t) = e^{\boldsymbol{A}t} = \mathcal{L}^{-1}\left[\boldsymbol{\Phi}(s)\right] = \mathcal{L}^{-1}\left[(s\boldsymbol{I} - \boldsymbol{A})^{-1}\right]$ として計算できる.

(例) $\begin{bmatrix} 0 & 1 \\ -2 & -3 \end{bmatrix}$ のときの $e^{\boldsymbol{A}t}$ を計算する.

$$
\begin{aligned}
(s\boldsymbol{I} - \boldsymbol{A})^{-1} &= \begin{bmatrix} s & -1 \\ 2 & s+3 \end{bmatrix}^{-1} = \frac{1}{s^2 + 3s + 2}\begin{bmatrix} s+3 & 1 \\ -2 & s \end{bmatrix} \\
&= \frac{1}{(s+1)(s+2)}\begin{bmatrix} s+3 & 1 \\ -2 & s \end{bmatrix} = \begin{bmatrix} \frac{2}{s+1} - \frac{1}{s+2} & \frac{1}{s+1} - \frac{1}{s+2} \\ -\frac{2}{s+1} + \frac{2}{s+2} & -\frac{1}{s+1} + \frac{2}{s+2} \end{bmatrix} \quad (6.25)
\end{aligned}
$$

得られた行列の各要素を逆ラプラス変換することで, 次のように $e^{\boldsymbol{A}t}$ が求められる.

$$
e^{\boldsymbol{A}t} = \mathcal{L}^{-1}\left[(s\boldsymbol{I} - \boldsymbol{A})^{-1}\right] = \begin{bmatrix} 2e^{-t} - e^{-2t} & e^{-t} - e^{-2t} \\ -2e^{-t} + 2e^{-2t} & -e^{-t} + 2e^{-2t} \end{bmatrix} \quad (6.26)
$$

状態方程式で $u(t) \neq 0$ として外部からの入力も考慮した場合, 状態方程式 $\dot{\boldsymbol{x}}(t) = \boldsymbol{A}\boldsymbol{x}(t) + \boldsymbol{b}u(t)$ の解は次式で与えられる.

$$
\boldsymbol{x}(t) = e^{\boldsymbol{A}t}\boldsymbol{x}_0 + \int_0^t e^{\boldsymbol{A}(t-\tau)}\boldsymbol{b}u(\tau)d\tau \quad (6.27)
$$

この式と出力方程式 $y(t) = \boldsymbol{c}\boldsymbol{x}(t)$ から, システムの出力は次式で表される.

$$
y(t) = \boldsymbol{c}e^{\boldsymbol{A}t}\boldsymbol{x}_0 + \int_0^t \boldsymbol{c}e^{\boldsymbol{A}(t-\tau)}\boldsymbol{b}u(\tau)d\tau \quad (6.28)
$$

$\boldsymbol{c}e^{\boldsymbol{A}t}\boldsymbol{x}_0$ は自由応答 (外部入力を $u(t) = 0$ とした時の応答), $\int_0^t \boldsymbol{c}e^{\boldsymbol{A}(t-\tau)}\boldsymbol{b}u(\tau)d\tau$ はゼロ状態応答 (状態変数の初期値を $\boldsymbol{x}_0 = \boldsymbol{0}$ とした時の応答) もしくは強制応答などと呼ばれる.

(例) 以下の条件のもと, 入力 $u(t)$ が単位ステップ信号の場合を出力を求めてみる.

$$
e^{\boldsymbol{A}t} = \begin{bmatrix} e^{-t} & 0 \\ e^{-t} - e^{-2t} & e^{-2t} \end{bmatrix}, \boldsymbol{b} = \begin{bmatrix} 1 \\ 0 \end{bmatrix}, \boldsymbol{c} = \begin{bmatrix} 1 & 0 \end{bmatrix}, \boldsymbol{x}_0 = \begin{bmatrix} -1 \\ 0 \end{bmatrix} \quad (6.29)
$$

式 (6.28) に代入すると

$$
\begin{aligned}
y(t) &= \begin{bmatrix} 1 & 0 \end{bmatrix}\begin{bmatrix} e^{-t} & 0 \\ e^{-t} - e^{-2t} & e^{-2t} \end{bmatrix}\begin{bmatrix} -1 \\ 0 \end{bmatrix} \\
&\quad + \int_0^t \begin{bmatrix} 1 & 0 \end{bmatrix}\begin{bmatrix} e^{-(t-\tau)} & 0 \\ e^{-(t-\tau)} - e^{-2(t-\tau)} & e^{-2(t-\tau)} \end{bmatrix}\begin{bmatrix} 1 \\ 0 \end{bmatrix}u(\tau)d\tau \\
&= -e^{-t} + \int_0^t e^{-(t-\tau)}u(\tau)d\tau = -e^{-t} + \int_0^t e^{-t} \cdot e^{\tau}u(\tau)d\tau \\
&= -e^{-t} + \left[e^{-t} \cdot e^{\tau}\right]_0^t = -e^{-t} + \left[1 - e^{-t}\right] = 1 - 2e^{-t} \quad (\text{ただし } t \geq 0)
\end{aligned}
$$

41

第7章 倒立振子のモデリング

前章までは線形な非同次微分方程式で表されるモデル (システムを表す微分方程式の入力信号が $u(t) \neq 0$ の場合の式) の表現方法として，伝達関数表現や状態空間表現について述べた．さらに両表現手法の関係や時間応答・周波数応答についても紹介した．本章では非線形な微分方程式として表されるモデルを考える．

<u>アームの回転に関する運動方程式</u>

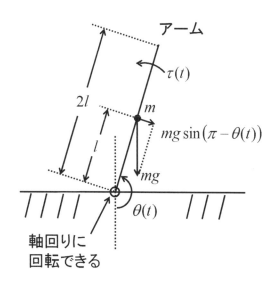

図 7.1: アームの回転運動

図7.1に示すようにアームの基準位置を鉛直下向き (ぶら下がって静止している状態) とし，そこから反時計回りに回った角度の変位を $\theta(t)$[rad]，アームに加えるトルクを $\tau(t)$[N·m]，アームの質量を m[kg]，アームの長さを $2l$[m]，軸からアームの重心までの距離を l[m]，慣性モーメントを J[kg·m^2]，軸の粘性摩擦係数を c[kgm^2/s] とおき，入力を $\tau(t)$，出力を $\theta(t)$ であるとする．

$mg \sin(\pi - \theta(t)) = mg \sin \theta(t)$ であることに注意すると，トルクのつり合いの式から $J\ddot{\theta}(t) = -c\dot{\theta}(t) - mlg \sin \theta(t) + \tau(t)$ が導ける．この式は外部入力のトルク $\tau(t)$ がアームに現れたトルク $J\ddot{\theta}(t)$, $c\dot{\theta}(t)$, $mlg \sin \theta(t)$ の和と等しいと考えると $J\ddot{\theta}(t) + c\dot{\theta}(t) + mlg \sin \theta(t) = \tau(t)$ と書くこともできる．さらに入力 $\tau(t)$ を表す記号を $u(t)$，出力 $\theta(t)$ を表す記号を

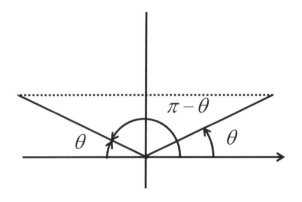

図 7.2: $\sin(\pi - \theta(t)) = \sin\theta(t)$ の関係

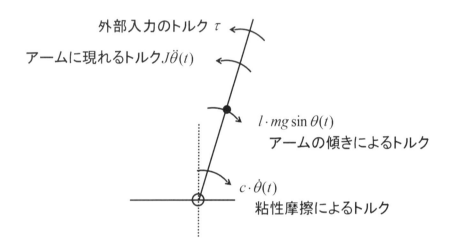

図 7.3: トルクのつり合い

$y(t)$ に書き換えるとこのモデルの運動方程式は次のように書くことができる.

$$J\ddot{y}(t) + c\dot{y}(t) + mlg\sin y(t) = u(t) \tag{7.1}$$

式 (7.1) は前章までと同様にシステムの入出力関係を表した微分方程式である.しかしこれまでとは異なり,左辺第 3 項に $\sin y(t)$ が現れており,線形微分方程式ではない.具体的には,前章までに現れた微分方程式は出力「$y(t)$」,入力「$u(t)$」,それらの導関数および定数係数によって構成された線形微分方程式であったが,式 (7.1) には「$\sin y(t)$」が含まれているため,線形微分方程式ではない.すなわち,このシステムは $\sin y(t)$ という非線形項が含まれた非線形微分方程式としてモデル化されている.これは式 (7.1) が伝達関数で表現できないことを意味している.逆に言えば,非線形項を線形化 (線形近似) すれば伝達関数表現できる.

式 (7.1) の線形化

そこで式 (7.1) を線形化することを考える．アームが倒立状態 $y(t) = \pi$ で静止している ($\ddot{y}(t) = 0$, $\dot{y}(t) = 0$) とすると，式 (7.1) は $u(t) = 0$ となる．すなわち平衡点 $(\bar{y}, \bar{u}) = (\pi, 0)$ が存在する．ここで $y(t) = \bar{y} = \pi$ の近傍で $\sin y(t)$ を 1 次まで Taylor 展開すると

$$\sin y(t) \approx \sin \pi + \left.\frac{\mathrm{d}}{\mathrm{d}y(t)} \sin y(t)\right|_{y(t)=\pi} \cdot (y(t) - \pi) = -(y(t) - \pi)$$

さらに $\tilde{y}(t) = y(t) - \bar{y} = y(t) - \pi$, $\tilde{u}(t) = u(t) - \bar{u} = u(t)$ とおくと，式 (7.1) は $\sin y(t) \approx -(y(t) - \pi)$, $y(t) = \tilde{y}(t) + \pi$, $u(t) = \tilde{u}(t)$ を代入して次のように線形化できる．

$$J\ddot{\tilde{y}}(t) + c\dot{\tilde{y}}(t) - mlg\tilde{y}(t) = \tilde{u}(t) \tag{7.2}$$

なお，式 (7.2) は $y(t) = \bar{y} = \pi$ の近傍で線形化した式であるため，式 (7.2) で計算される $y(t)$ の値は，$y(t)$ が π から離れるにつれ式 (7.1) によって計算される $y(t)$ の値からずれていく．

アーム付き台車に関する運動方程式

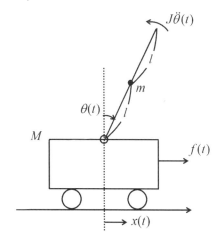

図 7.4: アームつき台車の運動

図 7.4 に示すように台車にはアームが取り付けられており，アームは台車上の軸を中心に自由に回転できるものとする．ただし，アームの基準位置として鉛直上向きから時計回りに回った角度の変位を $\theta(t)$[rad]，台車に加わる力を $f(t)$[N]，アームの質量を m[kg]，台車の質量を M[kg]，アームの長さは $2l$[m]，軸からアームの重心までの距離を l[m]，慣性モーメントを J[kg·m^2]，軸の粘性摩擦係数を c[kgm^2/s]，台車の水平方向の位置を $x(t)$[m] とおく．また，重力加速度を g[m/s^2] とする．

以下では入力を $f(t)$，出力を $x(t)$ および $\theta(t)$ とした運動方程式について考える．まず，アームの運動について考える．アームには外部からの入力は直接与えられず，台車に加えられる力 $f(t)$ の影響が軸を介して伝わることでアームに運動が生じる．

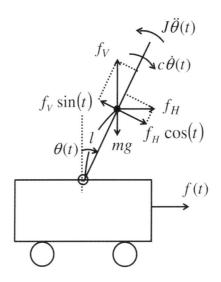

図 7.5: アームつき台車のつり合い

まずアームに対するトルクのつり合いの式を考える．重心に働く水平方向の力を f_H，鉛直上向きの力を f_V とおくとアーム重心の回転に関する運動方程式は以下で与えられる．

$$J\ddot{\theta}(t) = f_V l \sin\theta(t) - f_H l \cos\theta(t) - c\dot{\theta}(t) \tag{7.3}$$

つぎにアームに対する力のつり合いの式を考える．アーム重心の水平方向と垂直方向の加速度はアーム重心の位置 (位置は時間 t の関数であることに注意) を 2 階微分してそれぞれ $\frac{d^2}{dt^2}(x(t)+l\sin\theta(t))$, $\frac{d^2}{dt^2}(l\cos\theta(t))$ で表されるので，アーム重心の並進に関する運動方程式は以下で与えられる．

$$f_H = m\frac{d^2}{dt^2}(x(t)+l\sin\theta(t)) = m\ddot{x}(t) + ml(\ddot{\theta}(t)\cos\theta(t) - \dot{\theta}^2(t)\sin\theta(t)) \tag{7.4}$$

$$f_V - mg = m\frac{d^2}{dt^2}(l\cos\theta(t)) = -ml(\ddot{\theta}(t)\sin\theta(t) + \dot{\theta}^2(t)\cos\theta(t)) \tag{7.5}$$

台車の運動について考える．$f(t)$ は台車とアーム重心の水平方向の力の和であるので

$$f(t) - f_H = M\ddot{x}(t) \tag{7.6}$$

なお式 (7.4), (7.5) では合成関数の微分および積の微分公式を用いている．例えば式 (7.4)では以下のように式を展開している．

$$\begin{aligned}\frac{d^2}{dt^2}\sin\theta(t) &= \frac{d}{dt}\left(\frac{d}{dt}\sin\theta(t)\right) = \frac{d}{dt}\left(\dot{\theta}(t)\cos\theta(t)\right) \\ &= \ddot{\theta}(t)\cos\theta(t) - \dot{\theta}^2(t)\sin\theta(t)\end{aligned} \tag{7.7}$$

式 (7.3)〜式 (7.6) から f_H, f_V を消去して入出力に関する信号 $f(t)$, $\theta(t)$, $x(t)$ からなる式を求める．

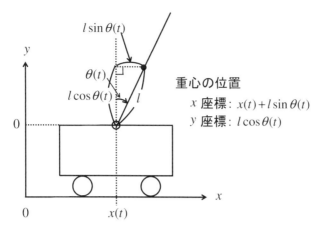

図 7.6: アーム重心の位置 (時間 t の関数になっていることに注意)

式 (7.6) に式 (7.4) を代入すると

$$f(t) = M\ddot{x}(t) + m\ddot{x}(t) + ml\ddot{\theta}(t)\cos\theta(t) - ml\dot{\theta}^2(t)\sin\theta(t) \tag{7.8}$$

よって

$$(M+m)\ddot{x}(t) + ml\cos\theta(t)\cdot\ddot{\theta}(t) - ml\dot{\theta}^2(t)\sin\theta(t) = f(t) \tag{7.9}$$

つぎに式 (7.4),式 (7.5) を式 (7.3) に代入すると

$$\begin{aligned}
J\ddot{\theta}(t) &= \Big(mg - ml\ddot{\theta}(t)\sin\theta(t) - ml\dot{\theta}^2(t)\cos\theta(t)\Big) l\sin\theta(t) \\
&\quad - \Big(m\ddot{x}(t) + ml\ddot{\theta}(t)\cos\theta(t) - ml\dot{\theta}^2(t)\sin\theta(t)\Big) l\cos\theta(t) - c\dot{\theta}(t) \\
&= mgl\sin\theta(t) - ml^2\ddot{\theta}(t)\left(\sin^2\theta(t) + \cos^2\theta(t)\right) - ml^2\dot{\theta}^2(t)\sin\theta(t)\cos\theta(t) \\
&\quad - ml\ddot{x}(t)\cos\theta(t) + ml^2\dot{\theta}^2(t)\sin\theta(t)\cos\theta(t) - c\dot{\theta}(t) \\
&= -ml^2\ddot{\theta}(t) - ml\ddot{x}(t)\cos\theta(t) + mgl\sin\theta(t) - c\dot{\theta}(t)
\end{aligned} \tag{7.10}$$

よって

$$ml\cos\theta(t)\cdot\ddot{x}(t) + (J+ml^2)\ddot{\theta}(t) + c\dot{\theta}(t) - mgl\sin\theta(t) = 0 \tag{7.11}$$

式 (7.9),式 (7.11) をまとめると,次のように運動方程式が与えられる.

$$\begin{bmatrix} M+m & ml\cos\theta(t) \\ ml\cos\theta(t) & J+ml^2 \end{bmatrix} \begin{bmatrix} \ddot{x}(t) \\ \ddot{\theta}(t) \end{bmatrix} + \begin{bmatrix} -ml\dot{\theta}^2(t)\sin\theta(t) \\ c\dot{\theta}(t) - mgl\sin\theta(t) \end{bmatrix} = \begin{bmatrix} f(t) \\ 0 \end{bmatrix} \tag{7.12}$$

この式は力 $f(t)$ が与えられれば,台車の加速度 $\ddot{x}(t)$ とアームの角加速度 $\ddot{\theta}(t)$ が決まることを意味している.さらに,得られた $\ddot{x}(t)$ と $\ddot{\theta}(t)$ を積分すれば台車の速度 $\dot{x}(t)$ とアームの角速度 $\dot{\theta}(t)$ が求まり,さらにもう一度積分すれば台車の位置 $x(t)$ とアームの角度 $\theta(t)$

を知ることができる. しかし，非線形微分方程式であるため，前章までのように解析的に解を求めることはできない ($x(t)$ と $\theta(t)$ の時間関数を求めることができない). そのため，この式の解は数値積分法を利用した数値列として求める必要がある.

式 (7.12) の線形化

$\theta(t) \approx 0$ と仮定すると，$\cos\theta(t) \approx 1$，$\sin\theta(t) \approx \theta(t)$，$\dot{\theta}^2(t) \approx 0$ と考えられる. よって式 (7.12) は次のように線形近似できる.

$$
\begin{bmatrix} M+m & ml \\ ml & J+ml^2 \end{bmatrix} \begin{bmatrix} \ddot{x}(t) \\ \ddot{\theta}(t) \end{bmatrix} + \begin{bmatrix} 0 & 0 \\ 0 & c \end{bmatrix} \begin{bmatrix} \dot{x}(t) \\ \dot{\theta}(t) \end{bmatrix} + \begin{bmatrix} 0 & 0 \\ 0 & -mgl \end{bmatrix} \begin{bmatrix} x(t) \\ \theta(t) \end{bmatrix} = \begin{bmatrix} f(t) \\ 0 \end{bmatrix}
$$

$$(7.13)$$

演習課題

(1) 式 (7.2) の伝達関数と状態空間表現はどのような形になるか記述せよ.

(2) 式 (7.13) を $\ddot{x}(t)$，$\ddot{\theta}(t)$ について解く ($\ddot{x}(t) = \cdots$，$\ddot{\theta}(t) = \cdots$ のように式変形する) とどのような形になるか記述せよ.

第8章 熱系のモデリング

これまでは力学系や電気系のモデリングについて述べてきたが，今回は熱系のモデリングについて考えていく．まず必要な単位を表8.1に定義する．

表 8.1: 単位の定義

温度	[°C], [K]
熱量	[J]([Ws]) 1[J] の仕事に相当する熱量を 1[J] とする．
熱流量	[W]([J/s]) 1[s] あたりに移動する熱量．
熱伝導率	[W/mK] 長さ 1[m] 当たり 1[K] の温度差があるとき，単位面積当たり毎秒 1[J] の熱量が伝導するときの係数．
熱伝達率	[W/(m²K)] 1[W] の熱流が単位面積当たり平均温度差 1[K] を生じるように通過する熱伝達の係数．
熱容量	[J/K] 物体の温度を 1[K] だけ上げるのに必要な熱量．
比熱	[J/kgK] 1[kg] の質量の物体の熱容量．

なお熱伝導とは同じ物質内における熱の移動に関する概念であり，熱伝達は異なる物体同士の表面でやりとりされる熱の移動に関する概念である．

8.1 熱伝導

材質が一定で一様な同一物質内において一次元の温度場を考える．伝熱量は温度降下の勾配と熱が流れる向きに垂直な断面積に比例することが経験的に知られている．このとき，熱伝導 (フーリエの熱伝導) の法則は，x 軸方向にそれと垂直な微小面積を dA，dA を通過する熱流量を dQ，温度を θ，熱伝導率を λ，温度降下がある方向に沿った温度勾配を $-\dfrac{d\theta}{dx}$ とすると次式で表される．

$$dQ = -\lambda \frac{d\theta}{dx} dA \quad [\mathrm{W}] \tag{8.1}$$

また，単位面積あたりの熱流束 $q\ [\mathrm{W/m^2}]$(1[s] あたりに単位面積を移動する熱量) は次式で表される．

$$q = \frac{dQ}{dA} = -\lambda \frac{d\theta}{dx} \quad [\mathrm{W/m^2}] \tag{8.2}$$

(例) 平行平板の熱伝導

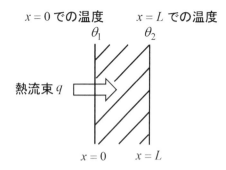

図 8.1: 平行平板の熱伝導

ここでは熱流量を求める．図 8.1 において上下方向およびこのページ面の前後方向に無限の広がりを持つ平行な板についてフーリエの熱伝導の法則を考えると

$$q = -\lambda \frac{d\theta}{dx} \Rightarrow \frac{d\theta}{dx} = -\frac{q}{\lambda} \Rightarrow \int d\theta = -\frac{q}{\lambda} \int dx \tag{8.3}$$

積分定数を C とすると

$$\theta = -\frac{q}{\lambda} x + C \tag{8.4}$$

$x = 0$ での温度を θ_1 としているので $\theta_1 = 0 + C$．すなわち $C = \theta_1$．また，$x = L$ での温度は θ_2 としているので $\theta_2 = -\frac{q}{\lambda} L + \theta_1$．$q$ について解くと

$$q = \frac{\lambda}{L}(\theta_1 - \theta_2) = -\lambda \frac{\theta_2 - \theta_1}{L} \ [\mathrm{W/m^2}] \tag{8.5}$$

よって面積 $A[\mathrm{m^2}]$ に対する熱流量 $Q[\mathrm{W}]$ は次式で表される．

$$Q = qA = \frac{\lambda}{L}(\theta_1 - \theta_2)A \ [\mathrm{W}] \tag{8.6}$$

8.2 熱伝達

ボイラや温水加熱器など，熱交換器の伝熱現象には固体を通して両側の流体間に熱の移動が見られることがある．図 8.2 のように流体 1 と固体壁の間の熱伝達，固体内の熱伝導，固体壁と流体 2 の間の熱伝達による熱の移動が含まれる．図のように固体を通して流体 1 から流体 2 に熱が移動する現象は，熱通過と呼ばれている．ここで図 8.2 の左側の伝熱量について考える．熱伝達率を $\alpha_1 \ [\mathrm{W/m^2 K}]$，境界層から十分に離れた流体 1 の温度を θ_1，固体左側壁面の温度を θ_{w_1} とすると，図の左側からの伝熱量は単位面積当たり次式で与えられる．

$$q = \alpha_1(\theta_1 - \theta_{w_1}) \ [\mathrm{W/m^2}] \tag{8.7}$$

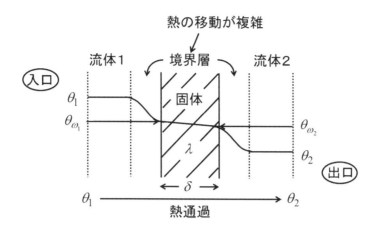

図 8.2: 熱伝達

もし温度分布が時間によらず一定のとき，固体の熱伝導率を λ [W/mK]，固体右側壁面温度を θ_{w_2}，固体の厚みを δ [m]，流体 2 の熱伝達率を α_2，境界層から十分離れた流体 2 の温度を θ_2 とすると，伝熱量 q は一定であるので以下の関係が成り立つ．

$$\text{流体 1} \Rightarrow \text{固体左}; \quad q = \alpha_1(\theta_1 - \theta_{w_1}) \tag{8.8}$$

$$\text{固体内}: \quad q = \frac{\lambda}{\delta}(\theta_{w_1} - \theta_{w_2}) \tag{8.9}$$

$$\text{固体右} \Rightarrow \text{流体 2}: \quad q = \alpha_2(\theta_{w_2} - \theta_2) \tag{8.10}$$

式 (8.8)，式 (8.10) を式 (8.9) に代入すると

$$q = \frac{1}{\frac{1}{\alpha_1} + \frac{\delta}{\lambda} + \frac{1}{\alpha_2}}(\theta_1 - \theta_2) \tag{8.11}$$

ここで $\frac{1}{k} = \frac{1}{\alpha_1} + \frac{\delta}{\lambda} + \frac{1}{\alpha_2}$ と定義すると (8.11) 式は以下で表される．

$$q = k(\theta_1 - \theta_2) \quad [\text{W/m}^2] \tag{8.12}$$

k [W/m^{2}K] は熱通過率と呼ぶ (k が大きいほど熱が伝わりやすい)．

(例) 流体加熱槽

図 8.3 において流入液量によらず液位一定，ヒータで直接加熱し，槽内はよくかき混ぜるものとして温度は均一とする．また，槽壁との熱の出入りはないものとする．ただし液面から熱の出入りはあるものとする．ここで流入液量を $q_i(t)$[m^3/s]，流出液量を q_o[m^3/s]，流入温度を $\theta_i(t)$[°C]，流出温度を $\theta_o(t)$[°C]，周囲温度を θ_T[°C]，液密度を ρ[kg/m^3]，液の比熱を c[J/kgK]，加熱熱量を $Q_i(t)$[W]，液面面積を A[m^2]，槽内液の熱容量 (容積 × 密度 × 比熱) を C [J/K] とすると槽内液の熱流量は以下で表すことができる．

$$q_i(t)\rho c\theta_i(t) - q_o(t)\rho c\theta_o(t) - \alpha(\theta_o(t) - \theta_T)A \quad [\text{W}] \tag{8.13}$$

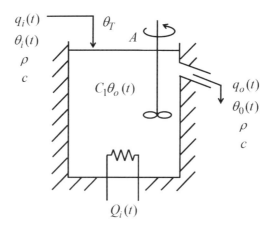

図 8.3: 流体加熱槽

式 (8.13) の第 1 項，第 2 項は槽への流入熱流量と槽からの流出熱流量を意味している．それぞれ $q_i(t)\rho$ は流入質量，$q_o(t)\rho$ は流出質量であり，各項に比熱および流入温度，流出温度を乗じることで各項の熱流量を計算している．さらに第 3 項は液面から周囲環境への流出熱流量を表している．具体的には，液面での熱伝達率 $\alpha[\mathrm{W/m^2K}]$ に槽内の液温 $\theta_o(t)$ と周囲温度 θ_T との差，および液面面積 A を乗じることで求めている．

つぎに微小時間 dt において槽内温度が $d\theta_o$ だけ微小変化するための熱量 $Cd\theta_o[\mathrm{Ws}]$ を考える．この熱量は上式で表した槽内液の熱流量と加熱熱量 $Q_i(t)[\mathrm{W}]$ の和，すなわち単位時間あたりに移動する熱量の合計に dt を書けたものと等しい (熱平衡)．すなわち

$$Cd\theta_o = \{q_i(t)\rho c\theta_i(t) - q_o(t)\rho c\theta_o(t) - \alpha(\theta_o(t) - \theta_T)A\}dt + Q_i(t)dt \quad [\mathrm{Ws}] \quad (8.14)$$

よって熱平衡の微分方程式 (流体加熱槽の流入温度と流出温度に関するモデル) は次のように与えられる．

$$C\frac{d\theta_o}{dt} = q_i(t)\rho c\theta_i(t) - q_o(t)\rho c\theta_o(t) - \alpha(\theta_o(t) - \theta_T)A + Q_i(t) \quad [\mathrm{W}] \quad (8.15)$$

(例) 金属板の加熱

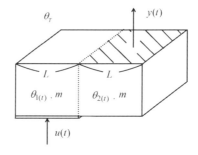

図 8.4: 金属板のモデル

図 8.4 の金属板について考える．ここで質量は $2m$[kg]，幅は $2L$[m] であり材質は一様であるとする．また，金属板左底面に単位時間あたりに与える熱量を $u(t)$[W]，金属板右上面の周囲温度 θ_T[°C] との差を $y(t)$[°C] とする．ここではモデリングを簡単にするため，図 8.5 のように金属板中央部で仮想的に分割した左右の領域について考えるものとし，各領域の温度は温度分布を持たず，均一でそれぞれ $\theta_1(t)$[°C]，$\theta_2(t)$[°C] とする．また，左側部位の底面 ($u(t)$ が与えられる面) を除いた表面積の総和を S_1[m^2]，右側部位の表面積の総和を S_2[m^2]，左右領域の断面積を S_3[m^2] とおく．さらに仮定として左側部位の底面は熱の流入のみあるものとし，この面から熱は流出しないものとする．また，金属板の熱伝導率を λ [W/mK]，金属板と周囲の流体との熱伝達率を α [W/m^{2}K] とする．以上をふまえて左側部位の熱流量 (単位時間当たりに移動する熱量) は次のように書ける．

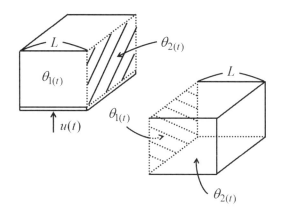

図 8.5: 熱伝導の考え方

$$-\alpha(\theta_1(t) - \theta_T)S_1 - \lambda \frac{\theta_1(t) - \theta_2(t)}{L}S_3 + u(t) \quad [\text{W}] \tag{8.16}$$

式 (8.16) の第 1 項は金属板の左側の部位から周囲へ流出する熱伝達による熱流量，第 2 項は金属板の左側の部位から右側の部位へ流出する熱伝導による熱流量，第 3 項は金属板左側の底面から流入する熱流量を表している．また右側部位の熱流量も左側部位と同様に次のように書ける．

$$-\alpha(\theta_2(t) - \theta_T)S_2 - \lambda \frac{\theta_2(t) - \theta_1(t)}{L}S_3 \quad [\text{W}] \tag{8.17}$$

つぎに，金属板の初期温度が周囲温度と等しく $\theta_1(0) = \theta_2(0) = \theta_T$ であったとする．微小時間 dt において金属板の左右部位温度が初期温度 θ_T からそれぞれ $d(\theta_1(t) - \theta_T)$，$d(\theta_2(t) - \theta_T)$ だけ変化する熱量は，比熱を c [J/kgK] とするとそれぞれ $mcd(\theta_1(t) - \theta_T)$ [Ws]，$mcd(\theta_2(t) - \theta_T)$ [Ws] と表すことができる．熱平衡を考えると，これらの値が式

(8.16)，式 (8.17) に dt を乗じたものと等しいので以下の関係を得る．

$$mcd(\theta_1(t) - \theta_T) = \left\{ -\alpha(\theta_1(t) - \theta_T)S_1 - \frac{\lambda}{L}(\theta_1(t) - \theta_2(t))S_3 + u(t) \right\} dt \ \ [\text{Ws}]$$

$$mcd(\theta_2(t) - \theta_T) = \left\{ -\alpha(\theta_2(t) - \theta_T)S_2 - \frac{\lambda}{L}(\theta_2(t) - \theta_1(t))S_3 \right\} dt \ \ [\text{Ws}]$$

よってこのモデルの微分方程式は次のように与えることができる．

$$mc\frac{d(\theta_1(t) - \theta_T)}{dt} = -\alpha(\theta_1(t) - \theta_T)S_1 - \frac{\lambda}{L}(\theta_1(t) - \theta_2(t))S_3 + u(t) \ \ [\text{W}] \ (8.18)$$

$$mc\frac{d(\theta_2(t) - \theta_T)}{dt} = -\alpha(\theta_2(t) - \theta_T)S_2 - \frac{\lambda}{L}(\theta_2(t) - \theta_1(t))S_3 \ \ [\text{W}] \tag{8.19}$$

演習課題

(1) 式 (8.15) について $q_i(t) = q_o(t) = \beta$（一定値），$Q_i(t) = 0$，$\theta_T = 0$ とおき，入力を $\theta_i(t)$，出力を $\theta_o(t)$ とすればどのような伝達関数が得られるか記述せよ．また，状態空間表現はどのように与えることができるか．

(2) 式 (8.18)，式 (8.19) について状態量を $x_1(t) = \theta_1(t) - \theta_T[\text{K}]$，$x_2(t) = \theta_2(t) - \theta_T[\text{K}]$，入力を $u(t)[\text{W}]$，出力を $y(t) = \theta_2(t) - \theta_T[\text{K}]$ としたときの状態空間表現はどのように記述できるか．

第9章 液位系のモデリング

本章では液位系のモデリング法について述べる．表 9.1 に使用する単位や用語について簡潔にまとめておく．

表 9.1: 単位の定義

密度 ρ	[kg/m^3] 単位容積当たりの質量
圧力 P	[N/m^2] 単位面積当たりに加わる力
流量 q (Q)	[m^3/s] 又は [kg/s] 単位時間当たりに移動する容積又は質量
流速 v	[m/s] 流れの速さ
温度 θ	[°C] または [K]

9.1 ベルヌーイの方程式

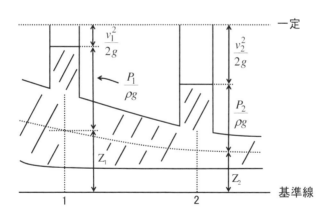

図 9.1: ベルヌーイの方程式の導出

図 9.1 の様に流れが定常流 (圧力，速度，密度，温度など流体中の各要素の状態が時間的に変化しない流れ) で摩擦がない場合を考える．この時，重力加速度を g として次の関係が成り立つ．

$$\frac{v^2}{2g} + \frac{P}{\rho g} + Z = 定数 \tag{9.1}$$

これをベルヌーイの方程式と呼ぶ．それぞれ $\frac{v^2}{2g}$ は速度ヘッド，$\frac{P}{\rho g}$ は圧力ヘッド，Z はポテンシャルヘッドと呼ばれている．また，左辺の各項は流体のエネルギーをヘッド (高さ)[m] で表している．この式は任意の断面において各ヘッドの和が一定になることを示しており，例えば図 9.1 の断面 1 と 2 においてそれぞれの速度，圧力，位置を v_1, P_1, Z_1 および v_2, P_2, Z_2 とおくと次式が成り立つ．

$$\frac{v_1^2}{2g} + \frac{P_1}{\rho g} + Z_1 = \frac{v_2^2}{2g} + \frac{P_2}{\rho g} + Z_2 \ (\ = \ 一定) \tag{9.2}$$

9.2 トリチェリの式 (オリフィスからの噴流)

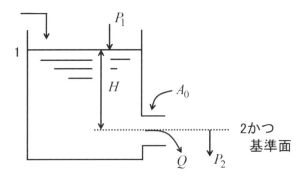

図 9.2: タンク

図 9.2 のタンクにおいて，断面 2 にオリフィス (小さな流水口) を設けて液を流出させるとともに，上から同じ量の液を流入させ，液面を一定に保つものとする．この時，断面 2 のオリフィスでの流速 v_2 を求めることを考える．断面 2 におけるヘッドを一定とし，液面までの高さを H とおくと，断面 1 と 2 のベルヌーイの方程式は次のように書ける．

$$\frac{v_1^2}{2g} + \frac{P_1}{\rho g} + Z_1 = \frac{v_2^2}{2g} + \frac{P_2}{\rho g} + Z_2$$

断面 1(液面) は液が流入し，高さが変化しないので $v_1 = 0$ である．また，P_1, P_2 を大気圧からの差圧とし，それぞれ $P_1 = P_2 = 0$ とおく．$Z_1 = H$, $Z_2 = 0$(基準面との差であるので 0) より

$$H = \frac{v_2^2}{2g} \tag{9.3}$$

すなわちオリフィスでの速度は次式で与えられる．

$$v_2 = \sqrt{2gH} \tag{9.4}$$

式 (9.4) ではオリフィスからの流速 v_2 が液面までの高さ H によって変わることを表している．この式はトリチェリの式と呼ばれている．つぎにオリフィスに摩擦がない (出口まで

流速が下がらず，流量も変わらない) 場合，出口流量を Q [m³/s]，出口断面積を A_0 [m²] とすると $v_2 = \dfrac{Q}{A_0}$ [m/s] と表すことができる．したがって流量は以下で与えられる．

$$Q = A_0\sqrt{2gH} \tag{9.5}$$

9.3 断面積一定のタンクシステム

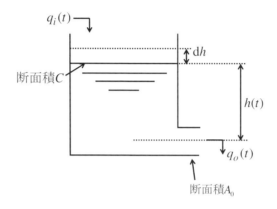

図 9.3: タンクシステム 1

図 9.3 について考える．ある時間 dt[s] の間に，流入量が $q_i(t)$[m³/s]，流出量が $q_o(t)$[m³/s]，水位変化が $dh(t)$[m] であったとする．液面の断面積を C[m²]，流出口の断面積を A_0[m²]，入力を $q_i(t)$，出力を $h(t)$ とした時の数学モデルを求めることを考える．dt[s] の間の水位の変化 (水量の変化) は流入出量の変化と等しいので

$$Cdh(t) = (q_i(t) - q_o(t))dt \tag{9.6}$$

両辺を dt で割ると

$$C\frac{dh(t)}{dt} = q_i(t) - q_o(t) \tag{9.7}$$

流出量はトリチェリの式から $q_o(t) = A_0\sqrt{2gh(t)}$ と表すことができる．dt を微小な時間と考えれば以下の微分方程式が得られる．

$$C\frac{dh(t)}{dt} = -A_0\sqrt{2gh(t)} + q_i(t) \tag{9.8}$$

以上より入力 $q_i(t)$ と出力 $h(t)$ に関する非線形モデルの式 (9.8) が得られた．

つぎにこのモデルを線形化してみる．動作点を h_s(一定) とし，この近傍で線形化することを考えると $\dfrac{dh_s}{dt} = 0$ である．また，このときの流入量を q_{is}，流出量を q_{os} とおくとトリチェリの式から $q_{is} = q_{os} = A_0\sqrt{2gh_s}$ と書くことができる．動作点からの水位の変化

$h(t) + h_s$ は，得られたモデルの式 (9.8) から次のように表すことができる．

$$C\frac{d}{dt}\left(h(t) + h_s\right) + A_0\sqrt{2g(h(t) + h_s)} \;\; = \;\; q_i(t) + q_{is} \tag{9.9}$$

さらに $\sqrt{h(t) + h_s}$ に関して $h(t) + h_s \approx h_s$ 近傍で 1 次の Taylor 展開を行うと

$$\sqrt{h(t) + h_s} \;\; = \;\; \sqrt{h_s} + \frac{1}{2}h_s^{-\frac{1}{2}}h(t) \tag{9.10}$$

よって

$$A_0\sqrt{2g(h(t) + h_s)} \;\; = \;\; A_0\sqrt{2gh_s} + A_0\sqrt{\frac{g}{2h_s}}h(t) \tag{9.11}$$

式 (9.11) を式 (9.9) に代入すると

$$C\frac{d}{dt}\left(h(t) + h_s\right) + A_0\sqrt{2gh_s} + A_0\sqrt{\frac{g}{2h_s}}h(t) \;\; = \;\; q_i(t) + q_{is} \tag{9.12}$$

ここで $q_{is} = q_{os} = A_0\sqrt{2gh_s}$ より

$$C\frac{d}{dt}\left(h(t) + h_s\right) + A_0\sqrt{\frac{g}{2h_s}}h(t) \;\; = \;\; q_i(t) \tag{9.13}$$

h_s は定数なので $\dfrac{d}{dt}\left(h(t) + h_s\right) = \dfrac{dh(t)}{dt}$ である．さらに $\dfrac{1}{R} = A_0\sqrt{\dfrac{g}{2h_s}}$ $\left(R = \sqrt{\dfrac{2h_s}{g}}\dfrac{1}{A_0}\right.$ は流体の流れにくさ，すなわち抵抗を表している$\left.\right)$ とおくと，式 (9.8) を線形化した数学モデルは次のように与えられる．

$$RC\frac{dh(t)}{dt} + h(t) = Rq_i(t) \tag{9.14}$$

一方，入力を $q_i(t)$，出力を $q_o(t)$ として考えると $q_o(t) = A_0\sqrt{2gh(t)}$ であるから，水位の変化 $h(t) + h_s$ に対して

$$q_o(t) + q_{os} \;\; = \;\; A_0\sqrt{2g(h(t) + h_s)} \;\; = \;\; A_0\sqrt{2gh_s} + A_0\sqrt{\frac{g}{2h_s}}h(t) \tag{9.15}$$

と書ける．ここで $q_{os} = A_0\sqrt{2gh_s}$ であるから

$$q_o(t) \;\; = \;\; A_0\sqrt{\frac{g}{2h_s}}h(t) \;\; = \;\; \frac{1}{R}h(t) \tag{9.16}$$

よって $h(t) = Rq_o(t)$ と表すことができるので，流入量 $q_i(t)$(入力) および流出量 $q_o(t)$(出力) について以下の線形モデルが得られる．

$$RC\frac{dq_o(t)}{dt} + q_o(t) = q_i(t) \tag{9.17}$$

(例) 図 9.4 に示すように複数のタンクからなるシステムのモデルについて考える．流入量 $q(t)$ を入力とし，液位 $h_2(t)$ を出力とする．

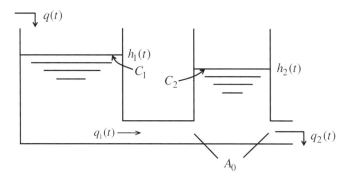

図 9.4: タンクシステム 2

ここでは左右タンクの液位を $h_1(t)$[m], $h_2(t)$[m], 左右タンクの液面の断面積をそれぞれ C_1[m^2], C_2[m^2], 流量 $q_1(t)$[m^2/s], $q_2(t)$[m^2/s] の流路の断面積を A_0[m^2] とおくものとする. まず左タンクについて, 時間 dt[s] の間の水量の変化は流入出量の差と等しいので次のように書ける.

$$C_1 dh_1(t) = (q(t) - q_1(t))dt \tag{9.18}$$

左右タンク間の流量 $q_1(t)$ は左右タンクの流路中心を基準面としてベルヌーイの方程式を用いると

$$\frac{v_1{}^2}{2g} + \frac{P_1}{\rho g} + Z_1 = \frac{v_2{}^2}{2g} + \frac{P_2}{\rho g} + Z_2 \tag{9.19}$$

式 (9.19) では, 左タンクへの外部からの流入のため左タンクの液位 $h_1(t)$ がほとんど変化しないと仮定している. また, 流速を $v_1 = 0$, 大気との差圧が $P_1 = P_2 = 0$, $Z_1 = h_1(t)$, $Z_2 = h_2(t)$ とすると $v_2 = \sqrt{2g(h_1(t) - h_2(t))}$ が求められる. よって流量 $q_1(t)$ はトリチェリの式より次式で与えられる.

$$q_1(t) = A_0 \sqrt{2g(h_1(t) - h_2(t))} \tag{9.20}$$

右タンクについても水量の変化と流入出量の差を考えると

$$C_2 dh_2(t) = (q_1(t) - q_2(t))dt \tag{9.21}$$

流出量 $q_2(t)$ についてもトリチェリの式を利用すると

$$q_2(t) = A_0 \sqrt{2gh_2(t)} \tag{9.22}$$

ここで $q_1(t)$, $q_2(t)$ はそれぞれ $h_1(t)$, $h_2(t)$ に対して非線形性を有しているので, モデルの表現を簡単にするため以下では線形化することを考える.

動作点をそれぞれ q_{1s}, q_{2s}, h_{1s}, h_{2s} とおくと

$$q_{1s} = A_0 \sqrt{2g(h_{1s} - h_{2s})}, \quad q_{2s} = A_0 \sqrt{2gh_{2s}} \tag{9.23}$$

さらに動作点周辺での $q_1(t)$ は

$$
\begin{aligned}
q_1(t) + q_{1s} &= \sqrt{2g}A_0\sqrt{(h_1(t) + h_{1s}) - (h_2(t) + h_{2s})} \\
&= \sqrt{2g}A_0\sqrt{(h_1(t) - h_2(t)) + (h_{1s} - h_{2s})} \tag{9.24}
\end{aligned}
$$

ここで $h(t) = h_1(t) - h_2(t)$, $h_s = h_{1s} - h_{2s}$ とおくと

$$
q_1(t) + q_{1s} = \sqrt{2g}A_0\sqrt{h(t) + h_s} \tag{9.25}
$$

と書ける. 同様に動作点周囲での $q_2(t)$ は次のように書ける.

$$
q_2(t) + q_{2s} = \sqrt{2g}A_0\sqrt{h_2(t) + h_{2s}} \tag{9.26}
$$

1 次の Taylor 展開を利用すると

$$
q_1(t) + q_{1s} = \sqrt{2g}A_0\sqrt{h_s} + \sqrt{\frac{g}{2h_s}}A_0 h(t) \tag{9.27}
$$

$$
q_2(t) + q_{2s} = \sqrt{2g}A_0\sqrt{h_{2s}} + \sqrt{\frac{g}{2h_{2s}}}A_0 h_2(t) \tag{9.28}
$$

$\dfrac{1}{R_1} = \sqrt{\dfrac{g}{2h_s}}A_0$, $\dfrac{1}{R_2} = \sqrt{\dfrac{g}{2h_{2s}}}A_0$ とおくと

$$
q_1(t) = \frac{1}{R_1}(h_1(t) - h_2(t)) \tag{9.29}
$$

$$
q_2(t) = \frac{1}{R_2}h_2(t) \tag{9.30}
$$

式 (9.29) を式 (9.18) に代入し, 両辺を dt で割ると

$$
C_1\frac{dh_1(t)}{dt} + \frac{1}{R_1}h_1(t) = q(t) + \frac{1}{R_2}h_2(t) \tag{9.31}
$$

式 (9.29), 式 (9.30) を式 (9.21) に代入し, 両辺を dt で割ると

$$
C_2\frac{dh_2(t)}{dt} + \left(\frac{1}{R_1} + \frac{1}{R_2}\right)h_2(t) = \frac{1}{R_1}h_1(t) \tag{9.32}
$$

式 (9.31) に式 (9.32) を代入すると

$$
C_1 C_2 R_1\frac{d^2 h_2(t)}{dt^2} + C_1\left(1 + \frac{R_1}{R_2}\right)\frac{dh_2(t)}{dt} + C_2\frac{dh_2(t)}{dt} + \left(\frac{1}{R_1} + \frac{1}{R_2}\right)h_2(t) - \frac{1}{R_1}h_2(t) = q(t) \tag{9.33}
$$

まとめると

$$
C_1 C_2 R_1 R_2\frac{d^2 h_2(t)}{dt^2} + (C_1 R_1 + C_1 R_2 + C_2 R_2)\frac{dh_2(t)}{dt} + h_2(t) = R_2 q(t) \tag{9.34}
$$

ここで流入量 $q(t)$ を入力とし，流出量 $q_2(t)$ を出力とするモデルを考えると $q_2(t) = \dfrac{1}{R_2}h_2(t)$ であるので

$$C_1 C_2 R_1 R_2 \frac{d^2 q_2(t)}{dt^2} + (C_1 R_1 + C_1 R_2 + C_2 R_2)\frac{dq_2(t)}{dt} + q_2(t) = q(t)$$

となる．

演習課題

(1) 図 9.5 のタンクシステムを考える．タンクの断面積を C，流入量を $q_i(t)$，高さを $h(t)$ とする．このとき入力を $q_i(t)$，出力を $h(t)$ としたときの数学モデルを微分方程式で記述せよ．

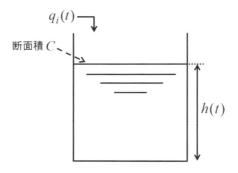

図 9.5: タンクシステム 3

(2) 図 9.6 に示すように，図 9.5 のタンクシステムの底の側面にオリフィスを設け液を流出させた．流出量を $q_o(t)$ とし，他の条件は図 9.5 と同じとする．このとき入力を $q_i(t)$，出力を $h(t)$ としたときのモデルを微分方程式で記述せよ．なお流出量と水位の関係は抵抗 R を用いて $q_o(t) = \dfrac{1}{R}h(t)$ で表せるものとする．

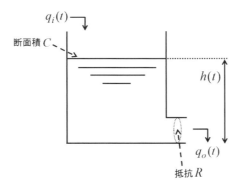

図 9.6: タンクシステム 4

第10章 ラグランジュの方程式によるモデリング

構造の単純な力学系は，力のつり合いの式によってそのモデルの微分方程式を比較的簡単に導出できる．しかし，多リンクのマニピュレータなどモデルの構造が複雑になると力のつり合いの式では導出が困難になる．そのような場合，ラグランジュの方程式を用いれば所定の手順で数学モデルを得ることができる．

10.1 運動方程式の導出法

　手順 $1/2$　以下のエネルギー (a)，(b)，(c) を計算する．

(a) 運動エネルギー $T(t)$ [J]

　　並進運動の場合：$\frac{1}{2}M\dot{z}^2(t)$，回転運動の場合：$\frac{1}{2}J\dot{\theta}^2(t)$

　　(M：質量，J：慣性モーメント，$z(t)$：時刻 t における位置，$\theta(t)$：時刻 t における角度)

(b) 位置エネルギー $U(t)$ [J]

　　ばねに関する並進運動の場合：$\frac{1}{2}kz^2(t)$，ばねに関する回転運動の場合：$\frac{1}{2}k\theta^2(t)$，重力に関するエネルギーの場合：$Mgh(t)$

　　(k：ばね定数，g：重力加速度，$h(t)$：時刻 t における高さ)

(c) 損失エネルギー $D(t)$ [J]

　　並進運動の場合：$\frac{1}{2}c\dot{z}^2(t)$，回転運動の場合：$\frac{1}{2}c\dot{\theta}^2(t)$

　　(c：ダンパ係数または粘性摩擦係数)

　手順 $2/2$　以下のラグランジュの方程式に，手順 $1/2$ で求めた各エネルギーを代入することで所望のモデルに関する運動方程式 (微分方程式) が得られる．

$$\frac{d}{dt}\left(\frac{\partial T}{\partial \dot{q}_i}(t)\right) - \frac{\partial T}{\partial q_i(t)} + \frac{\partial U}{\partial q_i(t)} + \frac{\partial D}{\partial \dot{q}_i(t)} \;=\; \nu_i(t) \quad (i=1,\,2,\,\cdots,\,p) \quad (10.1)$$

なお，$i=1,\,2,\,\cdots,\,p$ に対して $q_i(t)$ を一般化座標，$\nu_i(t)$ を一般化力と言い，$q_i(t)$ は各質点における位置や角度，$\nu_i(t)$ は各質点に対して外部から与えられる力やトルクを表している．

63

10.2 単振子の運動方程式

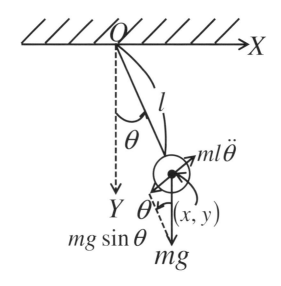

図 10.1: 単振子のモデル

図 10.1 の単振り子について考える．ここで X, Y 軸はそれぞれ右と鉛直下向きを正とする．また糸の長さは l とし伸縮しないとする．振り子の質量は m，点 O を支点としたときの振り子の運動について考える．

力のつり合いを利用した運動方程式の導出

いま振り子が反時計方向に $\theta(t)$ [rad] 回転しているとする．このとき $\theta(t) = 0$ を基準として，円周上における振り子の位置は $l\theta(t)$ と表すことができる．よって振り子の速度は接線方向に $l\dot{\theta}(t)$，加速度は $l\ddot{\theta}(t)$ と書ける (中心角 $\theta(t) = 2\pi$[rad] とすると半径 l の円周の長さは $2\pi l$，中心角 $\theta(t) = \pi$[rad] とすると半円の弧の長さは πl，すなわち中心角 $\theta(t)$[rad] の弧の長さは $l\theta(t)$ である)．すると振り子に作用する力は $ml\ddot{\theta}(t)$ で表すことができる．この力は重力 mg の接線方向の力 $-mg\sin\theta(t)$ と等しいので，運動方程式は次のように書ける．

$$ml\ddot{\theta}(t) = -mg\sin\theta(t) \tag{10.2}$$

なお，式 (10.2) の右辺に負の符号が付くのは，初めに仮定した座標の方向と逆の向きになっているためである．よって

$$\ddot{\theta}(t) + \frac{g}{l}\sin\theta(t) = 0 \tag{10.3}$$

という運動方程式が得られる．この式から $\theta(t)$ は m に依存せず，l によってのみ決まることが分かる．

ラグランジュの方程式を利用した運動方程式の導出

前述の手順にしたがって運動方程式を導出する．まず，各エネルギーを計算する．

(a) 図 10.1 のように振り子の座標を (x, y) とおくと，質量 m による運動エネルギーは

$$T = \frac{1}{2}m\dot{x}^2 + \frac{1}{2}m\dot{y}^2 \tag{10.4}$$

と書ける．ここでは $x = l\sin\theta$, $y = l\cos\theta$(正確には $x(t) = l\sin\theta(t)$, $y(t) = l\cos\theta(t)$ と書けるが，時間関数であることを意味する引数「(t)」を省略して表記している) という関係が成り立つので，時間 t で微分すると $\dot{x} = l\dot{\theta}\cos\theta$, $\dot{y} = -l\dot{\theta}\sin\theta$ と書ける．この関係を式 (10.4) に代入すると

$$T = \frac{1}{2}ml^2\dot{\theta}^2\cos^2\theta + \frac{1}{2}ml^2\dot{\theta}^2\sin^2\theta = \frac{1}{2}ml^2\dot{\theta}^2(\sin^2\theta + \cos^2\theta) = \frac{1}{2}ml^2\dot{\theta}^2 \tag{10.5}$$

(b) 振り子の位置エネルギーは，振り子が鉛直下向き $(\theta = 0)$ のときを 0 とすると

$$U = mg(l - l\cos\theta) = mgl(1 - \cos\theta) \tag{10.6}$$

(c) 振り子の損失エネルギーは点 O での摩擦 (粘性摩擦係数) を 0 とすると

$$D = 0 \tag{10.7}$$

つぎに一般化座標は $i = 1$ として $q_1(t) = \theta(t)$ とおく．また，外部から与えられる力やトルクは存在しないので一般化力は $\nu_1(t) = 0$ である．すると

$$\frac{\partial T}{\partial \dot{\theta}} = \frac{\partial}{\partial \dot{\theta}}\left(\frac{1}{2}ml^2\dot{\theta}^2\right) = ml^2\dot{\theta}$$
$$\rightarrow \quad \frac{d}{dt}\left(\frac{\partial T}{\partial \dot{\theta}}\right) = \frac{d}{dt}(ml^2\dot{\theta}) = ml^2\ddot{\theta} \tag{10.8}$$

$$\frac{\partial T}{\partial \theta} = \frac{\partial}{\partial \theta}\left(\frac{1}{2}ml^2\dot{\theta}^2\right) = 0 \tag{10.9}$$

$$\frac{\partial U}{\partial \theta} = \frac{\partial}{\partial \theta}\left(mgl(1 - \cos\theta)\right) = mgl\sin\theta \tag{10.10}$$

$$\frac{\partial D}{\partial \dot{\theta}} = \frac{\partial}{\partial \theta}(0) = 0 \tag{10.11}$$

式 (10.8)〜式 (10.11) を用いると $\dfrac{d}{dt}\left(\dfrac{\partial T}{\partial \dot{\theta}}\right) - \dfrac{\partial T}{\partial \theta} + \dfrac{\partial U}{\partial \theta} + \dfrac{\partial D}{\partial \dot{\theta}} = \nu_1$ は次のように書ける．

$$ml^2\ddot{\theta} + mgl\sin\theta = 0 \quad すなわち \quad ml^2\ddot{\theta}(t) + mgl\sin\theta(t) = 0 \tag{10.12}$$

$m > 0$, $l > 0$ であるので式 (10.12) の両辺を ml^2 で割ると

$$\ddot{\theta}(t) + \frac{g}{l}\sin\theta(t) = 0 \tag{10.13}$$

式 (10.13) はラグランジュの方程式を利用して得られた運動方程式であるが，力のつり合いで得た式 (10.3) と同じであることが分かる．
(例)

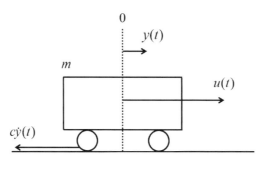

図 10.2: 台車のモデル

図 10.2 のように質量 m [kg] の台車に対して力 $u(t)$ [N] を加えた時の台車位置 $y(t)$ [m] について考える．また，台車と床の間に一定の摩擦が働くものとし，この摩擦係数を c [Ns/m] とする．以上の条件のもとで，力のつり合いおよびラグランジュの運動方程式を利用してこのシステムのモデルを導出する．なお，ここでは水平方向の運動のみを考える．

力のつりあいを考える場合

台車に加えられる力 $u(t)$ と台車の速度に比例して生じる摩擦力 $c\dot{y}(t)$ の差が，この台車に作用する力 $m\ddot{y}(t)$ である．したがって運動方程式は次のように与えられる．

$$m\ddot{y}(t) = u(t) - c\dot{y}(t) \quad \text{すなわち} \quad m\ddot{y}(t) + c\dot{y}(t) = u(t) \tag{10.14}$$

ラグランジュの方程式を利用する場合　まず，各エネルギーを計算する．

(a) 台車の位置を $y(t)$ とおく．ここでは水平方向の運動のみを考えているので，質量 m による運動エネルギーは以下で与えられる．

$$T = \frac{1}{2}m\dot{y}^2(t) \tag{10.15}$$

(b) 台車の位置エネルギーについて，ばねに関する運動は存在しないので

$$U = 0 \tag{10.16}$$

(c) 台車の損失エネルギーに関して，この例では台車と床の間の摩擦係数を c と与えているので

$$D = \frac{1}{2}c\dot{y}^2(t) \tag{10.17}$$

一般化座標を $q(t) = y(t)$，一般化力を台車に加えられる力 $u(t)$ とすると

$$\frac{\partial T}{\partial \dot{y}} = \frac{\partial}{\partial \dot{y}}\left(\frac{1}{2}m\dot{y}^2\right) = m\dot{y}$$
$$\rightarrow \frac{d}{dt}\left(\frac{\partial T}{\partial \dot{y}}\right) = \frac{d}{dt}(m\dot{y}) = m\ddot{y} \tag{10.18}$$

$$\frac{\partial T}{\partial y} = \frac{\partial}{\partial y}\left(\frac{1}{2}m\dot{y}^2\right) = 0 \tag{10.19}$$

$$\frac{\partial U}{\partial y} = \frac{\partial}{\partial y}(0) = 0 \tag{10.20}$$

$$\frac{\partial D}{\partial \dot{y}} = \frac{\partial}{\partial \dot{y}}\left(\frac{1}{2}c\dot{y}^2\right) = c\dot{y} \tag{10.21}$$

式 (10.18)〜式 (10.21) をラグランジュの方程式 $\frac{d}{dt}\left(\frac{\partial T}{\partial \dot{y}}\right) - \frac{\partial T}{\partial y} + \frac{\partial U}{\partial y} + \frac{\partial D}{\partial \dot{y}} = \nu$ に代入すると，運動方程式は次のように与えられる．

$$m\ddot{y}(t) - 0 + 0 + c\dot{y}(t) = u(t) \quad \text{すなわち} \quad m\ddot{y}(t) + c\dot{y}(t) = u(t) \tag{10.22}$$

式 (10.14) と式 (10.22) から，ラグランジュの方程式を利用して得られた運動方程式は力のつり合いを考えて得られた式と同じであることが分かる．
(例)

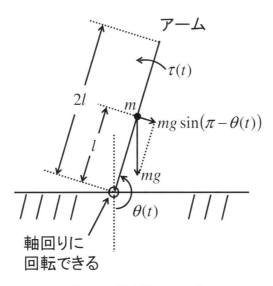

図 10.3: 倒立振子のモデル

図 10.3 に示すように倒立振子の運動方程式を考える．アームの基準位置を鉛直下向きとし，そこから反時計回りの角度変化を $\theta(t)$[rad]，アームに加えるトルクを $\tau(t)$[Nm]，アームの質量を m[kg]，長さを $2l$[m]，軸から重心までの距離を l[m]，慣性モーメントを J[kg·m^2]，軸の粘性摩擦係数を c[kgm^2/s] とする．入力を $\tau(t)$，出力を $\theta(t)$ としてこの

モデルの微分方程式を導出する．なおここでは簡単のためアームの質量 m は重心にのみ存在すると仮定する．

トルクのつり合いを考える場合

アームに現れるトルクを $J\ddot{\theta}(t)$ で表すとする．回転の向きは反時計回りが正であると考えていることに注意すると，アームに加えられるトルク $\tau(t)$，アームの傾きによるトルク $-mgl\sin(\pi-\theta(t))$，粘性摩擦によるトルク $-c\dot{\theta}(t)$ の和によって生じるトルクが $J\ddot{\theta}(t)$ である．すなわち次のように書ける．

$$J\ddot{\theta}(t) = \tau(t) - mgl\sin\theta(t) - c\dot{\theta}(t) \tag{10.23}$$

ここで式 (10.23) では $\sin(\pi - \theta(t)) = \sin\theta(t)$ であることを利用した．よって運動方程式は次のように書くことができる．

$$J\ddot{\theta}(t) + c\dot{\theta}(t) + mgl\sin\theta(t) = \tau(t) \tag{10.24}$$

ラグランジュの運動方程式の場合

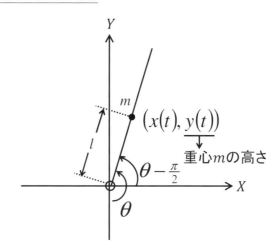

図 10.4: 倒立振子の重心座標

図 10.4 のようにアーム重心の座標を $(x(t), y(t))$ とおく．

(a) 質量 m による重心の運動エネルギーは次式で表すことができる．

$$T = \frac{1}{2}m\dot{x}^2(t) + \frac{1}{2}m\dot{y}^2(t) \tag{10.25}$$

ここで $x(t)$, $y(t)$ は

$$x(t) = l\cos\left(\theta(t) - \frac{\pi}{2}\right), \quad y(t) = l\sin\left(\theta(t) - \frac{\pi}{2}\right) \tag{10.26}$$

と表すことができる．$x(t)$, $y(t)$ を時間 t で微分する (合成関数の微分を行う) と

$$\dot{x}(t) = -l\dot{\theta}(t)\sin\left(\theta(t) - \frac{\pi}{2}\right), \quad \dot{y}(t) = l\dot{\theta}(t)\cos\left(\theta(t) - \frac{\pi}{2}\right) \tag{10.27}$$

式 (10.27) の $\dot{x}(t)$, $\dot{y}(t)$ を式 (10.25) に代入すると

$$
\begin{aligned}
T &= \frac{1}{2}ml^2\dot{\theta}^2(t)\sin^2\left(\theta(t) - \frac{\pi}{2}\right) + \frac{1}{2}ml^2\dot{\theta}^2(t)\cos^2\left(\theta(t) - \frac{\pi}{2}\right) \\
&= \frac{1}{2}ml^2\dot{\theta}^2(t) \tag{10.28}
\end{aligned}
$$

ここで T は「$\dot{\theta}(t)$」を含むが,「$\theta(t)$」は含んでいないことに注意する. (運動エネルギー T を「$\theta(t)$」で偏微分すると $T = 0$ となることに注意する).

(b) アーム重心の位置エネルギーは

$$
U = mgy(t) = mgl\sin\left(\theta(t) - \frac{\pi}{2}\right) \tag{10.29}
$$

(c) アームの損失エネルギーは軸の粘性摩擦係数が c なので

$$
D = \frac{1}{2}c\dot{\theta}^2(t) \tag{10.30}
$$

ここで一般化座標を $q(t) = \theta(t)$, 一般化力を $\nu(t) = \tau(t)$ とすると

$$
\frac{d}{dt}\left(\frac{\partial T}{\partial \dot{\theta}}\right) = \frac{d}{dt}\left(ml^2\dot{\theta}(t)\right) = ml^2\ddot{\theta}(t) \tag{10.31}
$$

$$
\frac{\partial T}{\partial \theta} = 0 \tag{10.32}
$$

$$
\frac{\partial U}{\partial \theta} = mgl\cos\left(\theta(t) - \frac{\pi}{2}\right) = mgl\sin\theta(t) \tag{10.33}
$$

$$
\frac{\partial D}{\partial \dot{\theta}} = c\dot{\theta}(t) \tag{10.34}
$$

式 (10.31)〜式 (10.34) をラグランジュの方程式 $\dfrac{d}{dt}\left(\dfrac{\partial T}{\partial \dot{\theta}}\right) - \dfrac{\partial T}{\partial \theta} + \dfrac{\partial U}{\partial \theta} + \dfrac{\partial D}{\partial \dot{\theta}} = \nu$ に代入すると

$$
ml^2\ddot{\theta}(t) - 0 + mgl\sin\theta(t) + c\dot{\theta}(t) = \tau(t) \tag{10.35}
$$

すなわち

$$
ml^2\ddot{\theta}(t) + c\dot{\theta}(t) + mgl\sin\theta(t) = \tau(t) \tag{10.36}
$$

ここで $J = ml^2$ とおくと以下の式が得られる. この式はトルクのつり合いを考えて得られた式 (10.24) と同じであることが分かる.

$$
J\ddot{\theta}(t) + c\dot{\theta}(t) + mgl\sin\theta(t) = \tau(t) \tag{10.37}
$$

(注) ここでは重心にのみ質量 m があると考え, 慣性モーメント J (回転軸からの距離が l, 質量が m の慣性モーメント) を次式で与えている.

$$
J = ml^2
$$

演習課題

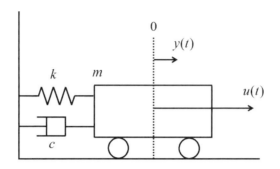

図 10.5: 台車モデル

図 10.5 の台車を考える．台車の質量を m[kg]，ばね定数を k[N/m]，ダンパ係数を c[Ns/m] とおく．水平方向にこの台車を $u(t)$[N] の力で引っ張ったときの変位を $y(t)$[m] とおく．この場合，ラグランジュの方程式を利用してこのモデルを微分方程式で記述せよ．

第11章 ラグランジュの方程式による振子系のモデリング

前章に引き続き，ラグランジュの方程式を用いた数学モデルの導出法について学ぶため，振子系のモデリングについて考える．
(例1)

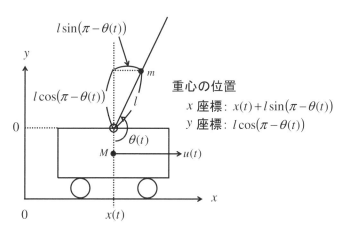

図 11.1: 台車型倒立振子モデル

　図 11.1 のモデルを考える．台車には振子が取り付けられており，振子は台車に接続された軸を中心に自由に回転できる．振子の基準位置を鉛直下向きとし，そこから反時計回りの変位を $\theta(t)$ [rad]，台車に加わる力を $u(t)$ [N]，台車の質量を M [kg]，振子の質量を m [kg]，長さを $2l$ [m] とし，軸から重心までの距離を l [m]，慣性モーメントを J [kg·m^2]，台車と床および軸の粘性摩擦係数をそれぞれ c_1 [Ns/m]，c_2 [kgm^2/s]，台車の水平方向の位置を $x(t)$ [m] とおく．以下では入力を $u(t)$，出力を $x(t)$，$\theta(t)$ とするモデルを求める．なお，ここでは簡単のため台車の質量 M は台車の中心にのみ存在し，振子の質量 m は振子の重心にのみ存在するものとする．
　まず，各エネルギーを計算する．

(a) 運動エネルギー $T(t)$
　　台車の中心位置を (x_1, y_1) とすると $x_1 = x(t)$，$y_1 = y_c(y_c$ は定数とする$)$ と与えられるので，台車の運動エネルギー $T_1(t)$ は $\dot{x}_1 = \dot{x}(t)$，$\dot{y}_1 = \dot{y}_c = 0$ であるので次の

ように書ける.

$$T_1(t) = \frac{1}{2}M\dot{x}_1^2 + \frac{1}{2}M\dot{y}_1^2 = \frac{1}{2}M\dot{x}^2(t) \tag{11.1}$$

振子の重心を (x_2, y_2) とおくと x_2, y_2 は次のように書ける.

$$x_2 \;\; = \;\; x(t) + l\sin(\pi - \theta(t)) \;\; = \;\; x(t) + l\sin\theta(t) \tag{11.2}$$

$$y_2 \;\; = \;\; l\cos(\pi - \theta(t)) \;\; = \;\; l(\cos\pi\cos\theta(t) + \sin\pi\sin\theta(t)) \;\; = \;\; -l\cos\theta(t) \tag{11.3}$$

振子の運動エネルギーを $T_2(t)$ とおく. 振子は台車の運動によって並進運動と回転運動を行うことに注意すると, $T_2(t)$ は次のように書ける.

$$T_2(t) \;\; = \;\; \frac{1}{2}m\dot{x}_2^2 + \frac{1}{2}m\dot{y}_2^2 + \frac{1}{2}J\dot{\theta}^2 \tag{11.4}$$

また式 (11.2), 式 (11.3) より

$$\dot{x}_2 \;\; = \;\; \frac{d}{dt}(x(t) + l\sin\theta(t)) \;\; = \;\; \dot{x}(t) + l\dot{\theta}(t)\cos\theta(t) \tag{11.5}$$

$$\dot{y}_2 \;\; = \;\; l\dot{\theta}(t)\sin\theta(t) \tag{11.6}$$

となることを利用すると式 (11.4) は次のように書ける.

$$\begin{aligned}
T_2(t) \;\; = \;\; & \frac{1}{2}m\left(\dot{x}^2(t) + l^2\dot{\theta}^2(t)\cos^2\theta(t) + 2l\dot{x}(t)\dot{\theta}(t)\cos\theta(t)\right) \\
& + \frac{1}{2}ml^2\dot{\theta}^2(t)\sin^2\theta(t) + \frac{1}{2}J\dot{\theta}^2(t) \\
= \;\; & \frac{1}{2}m\dot{x}^2(t) + \frac{1}{2}ml^2\dot{\theta}^2(t) + ml\dot{x}(t)\dot{\theta}(t)\cos\theta(t) + \frac{1}{2}J\dot{\theta}^2(t) \\
= \;\; & \frac{1}{2}m\dot{x}^2(t) + \frac{1}{2}\left(J + ml^2\right)\dot{\theta}^2(t) + ml\dot{x}(t)\dot{\theta}(t)\cos\theta(t) \tag{11.7}
\end{aligned}$$

よってモデル全体の運動エネルギーは $T(t) = T_1(t) + T_2(t)$ より

$$\begin{aligned}
T(t) \;\; = \;\; & \frac{1}{2}M\dot{x}^2(t) + \frac{1}{2}m\dot{x}^2(t) + \frac{1}{2}\left(J + ml^2\right)\dot{\theta}^2(t) + ml\dot{x}(t)\dot{\theta}(t)\cos\theta(t) \\
= \;\; & \frac{1}{2}(M+m)\dot{x}^2(t) + \frac{1}{2}\left(J + ml^2\right)\dot{\theta}^2(t) + ml\dot{x}(t)\dot{\theta}(t)\cos\theta(t) \tag{11.8}
\end{aligned}$$

(b) 位置エネルギー $U(t)$

台車の位置エネルギー $U_1(t)$ は, 台車が水平方向にのみ移動し鉛直方向には運動しないので, 重心の高さは変化しない. よって $U_1(t) = 0$ である. また, 振子の位置エネルギー $U_2(t)$ は高さが $y_2 = -l\cos\theta(t)$ で与えられているので $U_2(t) = mgy_2 = -mgl\cos\theta(t)$ のように表される. よってモデル全体の位置エネルギーは次のように書ける.

$$U(t) \;\; = \;\; U_1(t) + U_2(t) = 0 + (-mgl\cos\theta(t)) = -mgl\cos\theta(t) \tag{11.9}$$

(c) 損失エネルギー $D(t)$

台車の損失エネルギー $D_1(t)$ は，台車と床の粘性摩擦係数を c_1 としているので

$$D_1(t) = \frac{1}{2}c_1\dot{x}^2(t) \tag{11.10}$$

振子の損失エネルギー $D_2(t)$ は，軸の粘性摩擦係数を c_2 としているので

$$D_2(t) = \frac{1}{2}c_2\dot{\theta}^2(t) \tag{11.11}$$

式 (11.10)，式 (11.11) よりモデル全体の損失エネルギーは以下で表される．

$$D(t) = D_1(t) + D_2(t) = \frac{1}{2}c_1\dot{x}^2(t) + \frac{1}{2}c_2\dot{\theta}^2(t) \tag{11.12}$$

次に，ラグランジュの方程式を利用してモデルの運動方程式を求める．$i = 1, 2$ に対して一般化座標を $q_1(t) = x(t)$，$q_2(t) = \theta(t)$ とおき，一般化力を $\nu_1(t) = u(t)$，振子の軸には外部から与えられるトルクは存在しないので $\nu_2(t) = 0$ とおく．すると $i = 1$ に対して次の式が得られる．

$$\begin{aligned}
\frac{\partial T}{\partial \dot{x}(t)} &= \frac{\partial}{\partial \dot{x}(t)}\left\{\frac{1}{2}(M+m)\dot{x}^2(t) + \frac{1}{2}\left(J+ml^2\right)\dot{\theta}^2(t) + ml\dot{x}(t)\dot{\theta}(t)\cos\theta(t)\right\} \\
&= (M+m)\dot{x}(t) + ml\dot{\theta}(t)\cos\theta(t) \tag{11.13}
\end{aligned}$$

よって

$$\begin{aligned}
\frac{d}{dt}\left(\frac{\partial T}{\partial \dot{x}(t)}\right) &= \frac{d}{dt}\left\{(M+m)\dot{x}(t) + ml\dot{\theta}(t)\cos\theta(t)\right\} \\
&= (M+m)\ddot{x}(t) + ml\ddot{\theta}(t)\cos\theta(t) - ml\dot{\theta}^2(t)\sin\theta(t) \tag{11.14}
\end{aligned}$$

$T(t)$ に「$x(t)$」は含まれないことに注意すると

$$\begin{aligned}
\frac{\partial T}{\partial x(t)} &= \frac{\partial}{\partial x(t)}\left\{\frac{1}{2}(M+m)\dot{x}^2(t) + \frac{1}{2}\left(J+ml^2\right)\dot{\theta}^2(t) + ml\dot{x}(t)\dot{\theta}(t)\cos\theta(t)\right\} \\
&= 0 \tag{11.15}
\end{aligned}$$

また

$$\frac{\partial U}{\partial x(t)} = \frac{\partial}{\partial x(t)}\left\{-mgl\cos\theta(t)\right\} = 0 \tag{11.16}$$

$$\frac{\partial D}{\partial \dot{x}(t)} = \frac{\partial}{\partial \dot{x}(t)}\left\{\frac{1}{2}c_1\dot{x}^2(t) + \frac{1}{2}c_2\dot{\theta}^2(t)\right\} = c_1\dot{x}(t) \tag{11.17}$$

ラグランジュの方程式 $\dfrac{d}{dt}\left(\dfrac{\partial T}{\partial \dot{x}(t)}\right) - \dfrac{\partial T}{\partial x(t)} + \dfrac{\partial U}{\partial x(t)} + \dfrac{\partial D}{\partial \dot{x}(t)} = u(t)$ に対して式 (11.14) 〜式 (11.17) を代入すると以下の式を得る．

$$(M+m)\ddot{x}(t) + ml\cos\theta(t)\ddot{\theta}(t) - ml\dot{\theta}^2(t)\sin\theta(t) + c_1\dot{x}(t) = u(t) \tag{11.18}$$

$i = 2$ の場合も同様に考えると

$$\frac{\partial T}{\partial \dot{\theta}(t)} = (J + ml^2)\dot{\theta}(t) + ml\dot{x}(t)\cos\theta(t) \tag{11.19}$$

よって

$$\frac{d}{dt}\left(\frac{\partial T}{\partial \dot{\theta}(t)}\right) = (J + ml^2)\ddot{\theta}(t) + ml\ddot{x}(t)\cos\theta(t) - ml\dot{x}(t)\dot{\theta}(t)\sin\theta(t) \tag{11.20}$$

さらに

$$\frac{\partial T}{\partial \theta(t)} = -ml\dot{x}(t)\dot{\theta}(t)\sin\theta(t) \tag{11.21}$$

$$\frac{\partial U}{\partial \theta(t)} = mgl\sin\theta(t) \tag{11.22}$$

$$\frac{\partial D}{\partial \dot{\theta}(t)} = c_2\dot{\theta}(t) \tag{11.23}$$

$\nu_2(t) = 0$ であることに注意して式 (11.20)〜式 (11.23) をラグランジュの方程式に代入して整理すると以下を得る.

$$ml\cos\theta(t)\ddot{x}(t) + (J + ml^2)\ddot{\theta}(t) + mgl\sin\theta(t) + c_2\dot{\theta}(t) = 0 \tag{11.24}$$

式 (11.18),式 (11.24) によって図 11.1 のモデルの運動方程式が与えられた. これらの式をベクトル形式でまとめると以下の様に表すことができる.

$$\begin{bmatrix} M + m & ml\cos\theta(t) \\ ml\cos\theta(t) & J + ml^2 \end{bmatrix} \begin{bmatrix} \ddot{x}(t) \\ \ddot{\theta}(t) \end{bmatrix} + \begin{bmatrix} -ml\dot{\theta}^2(t)\sin\theta(t) \\ 0 \end{bmatrix}$$
$$+ \begin{bmatrix} 0 \\ mgl\sin\theta(t) \end{bmatrix} + \begin{bmatrix} c_1\dot{x}(t) \\ c_2\dot{\theta}(t) \end{bmatrix} = \begin{bmatrix} u(t) \\ 0 \end{bmatrix} \tag{11.25}$$

ここで $\begin{bmatrix} x(t) \\ \theta(t) \end{bmatrix}$ を状態量 $\boldsymbol{q}$, $\begin{bmatrix} M + m & ml\cos\theta(t) \\ ml\cos\theta(t) & J + ml^2 \end{bmatrix}\begin{bmatrix} \ddot{x}(t) \\ \ddot{\theta}(t) \end{bmatrix}$ を慣性項 $\boldsymbol{M}(\boldsymbol{q})\ddot{\boldsymbol{q}}$, $\begin{bmatrix} -ml\dot{\theta}^2(t)\sin\theta(t) \\ 0 \end{bmatrix}$ を遠心力に関する項 $\boldsymbol{H}(\boldsymbol{q}, \dot{\boldsymbol{q}})$, $\begin{bmatrix} 0 \\ mgl\sin\theta(t) \end{bmatrix}$ を重力項 $\boldsymbol{G}(\boldsymbol{q})$, $\begin{bmatrix} c_1\dot{x}(t) \\ c_2\dot{\theta}(t) \end{bmatrix}$ を粘性摩擦項 $\boldsymbol{D}(\dot{\boldsymbol{q}})$, $\begin{bmatrix} u(t) \\ 0 \end{bmatrix}$ を入力項 $\boldsymbol{\tau}$ とおくと式 (11.25) は次のようにまとめることができる.

$$\boldsymbol{M}(\boldsymbol{q})\ddot{\boldsymbol{q}} + \boldsymbol{H}(\boldsymbol{q}, \dot{\boldsymbol{q}}) + \boldsymbol{G}(\boldsymbol{q}) + \boldsymbol{D}(\dot{\boldsymbol{q}}) = \boldsymbol{\tau} \tag{11.26}$$

(例 2) 図 11.2 の直列二重振子を考える. 各アームの重心を G_1, G_2, 質量を m_1 [kg], m_2 [kg], 各回転軸から重心までの距離を l_{g1} [m], l_{g2} [m], 各アームの慣性モーメントを

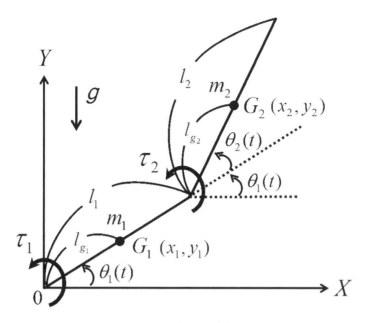

図 11.2: 直列二重振子

I_1 [kg·m^2], I_2 [kg·m^2] とする．また，アーム 1 が接続されている原点の軸 1 およびアーム 1 とアーム 2 が接続されている軸 2 に与えられるトルクを τ_1 [Nm], τ_2 [Nm], 粘性摩擦係数を c_1 [kgm^2/s], c_2 [kgm^2/s] とする．なお，並進運動については図の右と上を正とし，回転については基準位置を X 軸とし，そこから反時計回りを正とする．このとき，τ_1, τ_2 および θ_1, θ_2 に関するモデルをラグランジュの方程式を利用して求める．また，表記を簡単にするため特に断らない限り時間 t の関数を意味する「(t)」は省略する．

各重心の位置をそれぞれ (x_1, y_1), (x_2, y_2) とおくと図 11.2 より

$$(x_1, y_1) = (l_{g1}\cos\theta_1,\ l_{g1}\sin\theta_1) \tag{11.27}$$

$$(x_2, y_2) = (l_1\cos\theta_1 + l_{g2}\cos(\theta_1+\theta_2),\ l_1\sin\theta_1 + l_{g2}\sin(\theta_1+\theta_2)) \tag{11.28}$$

よって

$$\begin{cases} \dot{x}_1 &= -l_{g1}\dot{\theta}_1\sin\theta_1 \\ \dot{y}_1 &= l_{g1}\dot{\theta}_1\cos\theta_1 \\ \dot{x}_2 &= -l_1\dot{\theta}_1\sin\theta_1 - l_{g2}(\dot{\theta}_1+\dot{\theta}_2)\sin(\theta_1+\theta_2) \\ \dot{y}_2 &= l_1\dot{\theta}_1\cos\theta_1 + l_{g2}(\dot{\theta}_1+\dot{\theta}_2)\cos(\theta_1+\theta_2) \end{cases} \tag{11.29}$$

と書ける．

(a) 運動エネルギー T

アーム 1 とアーム 2 の運動エネルギーを T_1, T_2 とする．並進運動と回転運動のエネルギーはそれぞれ次のように与えることができる (途中計算省略)．

$$T_1 = \frac{1}{2}m_1\dot{x}_1^2 + \frac{1}{2}m_1\dot{y}_1^2 + \frac{1}{2}I_1\dot{\theta}_1^2 = \frac{1}{2}\left(m_1{l_{g1}}^2 + I_1\right)\dot{\theta}_1^2 \tag{11.30}$$

$$
\begin{aligned}
T_2 &= \frac{1}{2}m_2\dot{x}_2^2 + \frac{1}{2}m_2\dot{y}_2^2 + \frac{1}{2}I_2\left(\dot{\theta}_1 + \dot{\theta}_2\right)^2 \\
&= \left(\frac{1}{2}m_2{l_1}^2 + m_2l_1l_{g2}\cos\theta_2 + \frac{1}{2}m_2{l_{g2}}^2 + \frac{1}{2}I_2\right)\dot{\theta}_1^2 \\
&\quad + \frac{1}{2}\left(m_2{l_{g2}}^2 + I_2\right)\dot{\theta}_2^2 + \left(m_2l_1l_{g2}\cos\theta_2 + m_2{l_{g2}}^2 + I_2\right)\dot{\theta}_1\dot{\theta}_2 \quad (11.31)
\end{aligned}
$$

よって

$$
\begin{aligned}
T &= T_1 + T_2 \\
&= \frac{1}{2}\left\{\left({m_1l_{g1}}^2 + {m_2l_1}^2 + {m_2l_{g2}}^2\right) + (I_1 + I_2) + 2m_2l_1l_{g2}\cos\theta_2\right\}\dot{\theta}_1^2 \\
&\quad + \frac{1}{2}\left({m_2l_{g2}}^2 + I_2\right)\dot{\theta}_2^2 + \left({m_2l_{g2}}^2 + I_2 + m_2l_1l_{g2}\cos\theta_2\right)\dot{\theta}_1\dot{\theta}_2 \quad (11.32)
\end{aligned}
$$

(b) 位置エネルギー U

アーム 1 とアーム 2 の位置エネルギーを U_1, U_2 とすると

$$
\begin{cases}
U_1 &= m_1gy_1 &= m_1gl_{g1}\sin\theta_1 \\
U_2 &= m_2gy_2 &= m_2g(l_1\sin\theta_1 + l_{g2}\sin(\theta_1 + \theta_2))
\end{cases} \quad (11.33)
$$

よって

$$
U = U_1 + U_2 = m_1gl_{g1}\sin\theta_1 + m_2g(l_1\sin\theta_1 + l_{g2}\sin(\theta_1 + \theta_2)) \quad (11.34)
$$

(c) 損失エネルギー D

アーム 1 とアーム 2 の損失エネルギーを D_1, D_2 とすると各軸の粘性摩擦係数は c_1, c_2 で与えられているので, $D_1 = \frac{1}{2}c_1\dot{\theta}_1^2$, $D_2 = \frac{1}{2}c_2\dot{\theta}_2^2$ である. よって

$$
D = D_1 + D_2 = \frac{1}{2}c_1\dot{\theta}_1^2 + \frac{1}{2}c_2\dot{\theta}_2^2 \quad (11.35)
$$

つぎに, ラグランジュの方程式を利用して図 11.2 で示すモデルの運動方程式を求める. $i = 1, 2$ に対して一般化座標を $q_1 = \theta_1$, $q_2 = \theta_2$ とおき, 一般化力を $\nu_1 = \tau_1$, $\nu_2 = \tau_2$ とする. すると $i = 1$ に対しては

$$
\begin{aligned}
\frac{\partial T}{\partial \dot{\theta}_1} &= \left\{\left({m_1l_{g1}}^2 + {m_2l_1}^2 + {m_2l_{g2}}^2\right) + (I_1 + I_2) + 2m_2l_1l_{g2}\cos\theta_2\right\}\dot{\theta}_1 \\
&\quad + \left({m_2l_{g2}}^2 + I_2 + m_2l_1l_{g2}\cos\theta_2\right)\dot{\theta}_2 \quad (11.36)
\end{aligned}
$$

よって

$$
\begin{aligned}
\frac{d}{dt}\left(\frac{\partial T}{\partial \dot{\theta}_1}\right) &= \left\{\left({m_1l_{g1}}^2 + {m_2l_1}^2 + {m_2l_{g2}}^2\right) + (I_1 + I_2) + 2m_2l_1l_{g2}\cos\theta_2\right\}\ddot{\theta}_1 \\
&\quad - 2m_2l_1l_{g2}\dot{\theta}_1\dot{\theta}_2\sin\theta_2 + \left({m_2l_{g2}}^2 + I_2 + m_2l_1l_{g2}\cos\theta_2\right)\ddot{\theta}_2 \\
&\quad - m_2l_1l_{g2}\dot{\theta}_2^2\sin\theta_2 \quad (11.37)
\end{aligned}
$$

また以下の関係を得る.

$$\frac{\partial T}{\partial \theta_1} = 0 \tag{11.38}$$

$$\frac{\partial U}{\partial \theta_1} = (m_1 l_{g1} + m_2 l_1)g\cos\theta_1 + m_2 g l_{g2}\cos(\theta_1 + \theta_2) \tag{11.39}$$

$$\frac{\partial D}{\partial \dot{\theta}_1} = c_1 \dot{\theta}_1 \tag{11.40}$$

式 (11.37)〜式 (11.40) をラグランジュの方程式 $\dfrac{d}{dt}\left(\dfrac{\partial T}{\partial \dot{\theta}_1}\right) - \dfrac{\partial T}{\partial \theta_1} + \dfrac{\partial U}{\partial \theta_1} + \dfrac{\partial D}{\partial \dot{\theta}_1} = \tau_1$ に代入すると

$$\left\{\left(m_1 {l_{g1}}^2 + m_2 {l_1}^2 + m_2 {l_{g2}}^2\right) + (I_1 + I_2) + 2 m_2 l_1 l_{g2}\cos\theta_2\right\}\ddot{\theta}_1$$
$$+ \left(m_2 {l_{g2}}^2 + I_2 + m_2 l_1 l_{g2}\cos\theta_2\right)\ddot{\theta}_2 - 2 m_2 l_1 l_{g2}\dot{\theta}_1\dot{\theta}_2\sin\theta_2$$
$$- m_2 l_1 l_{g2}\dot{\theta}_2^2\sin\theta_2 + (m_1 l_{g1} + m_2 l_1)g\cos\theta_1 + m_2 g l_{g2}\cos(\theta_1 + \theta_2) + c_1\dot{\theta}_1 = \tau_1 \tag{11.41}$$

同様に $i = 2$ に対しては

$$\frac{\partial T}{\partial \dot{\theta}_2} = \left(m_2 {l_{g2}}^2 + I_2\right)\dot{\theta}_2 + \left(m_2 {l_{g2}}^2 + I_2 + m_2 l_1 l_{g2}\cos\theta_2\right)\dot{\theta}_1 \tag{11.42}$$

よって

$$\frac{d}{dt}\left(\frac{\partial T}{\partial \dot{\theta}_2}\right) = \left(m_2 {l_{g2}}^2 + I_2 + m_2 l_1 l_{g2}\cos\theta_2\right)\ddot{\theta}_1 + \left(-m_2 l_1 l_{g2}\sin\theta_2\right)\dot{\theta}_1\dot{\theta}_2$$
$$+ \left(m_2 {l_{g2}}^2 + I_2\right)\ddot{\theta}_2 \tag{11.43}$$

また

$$\frac{\partial T}{\partial \theta_2} = -m_2 l_1 l_{g2}\dot{\theta}_1^2\sin\theta_2 - m_2 l_1 l_{g2}\dot{\theta}_1\dot{\theta}_2\sin\theta_2 \tag{11.44}$$

$$\frac{\partial U}{\partial \theta_2} = m_2 g l_{g2}\cos(\theta_1 + \theta_2) \tag{11.45}$$

$$\frac{\partial D}{\partial \dot{\theta}_2} = c_2 \dot{\theta}_2 \tag{11.46}$$

式 (11.43)〜式 (11.46) をラグランジュの方程式 $\dfrac{d}{dt}\left(\dfrac{\partial T}{\partial \dot{\theta}_2}\right) - \dfrac{\partial T}{\partial \theta_2} + \dfrac{\partial U}{\partial \theta_2} + \dfrac{\partial D}{\partial \dot{\theta}_2} = \tau_2$ に代入すると

$$\left(m_2 {l_{g2}}^2 + I_2 + m_2 l_1 l_{g2}\cos\theta_2\right)\ddot{\theta}_1 + \left(m_2 {l_{g2}}^2 + I_2\right)\ddot{\theta}_2$$
$$+ m_2 l_1 l_{g2}\dot{\theta}_1^2\sin\theta_2 + m_2 g l_{g2}\cos(\theta_1 + \theta_2) + c_2\dot{\theta}_2 = \tau_2 \tag{11.47}$$

式 (11.41), 式 (11.47) をまとめると図 11.2 で示すモデルの運動方程式は次のように書ける.

$$\begin{bmatrix} \left(m_1 {l_{g1}}^2 + m_2 {l_1}^2 + m_2 {l_{g2}}^2\right) + (I_1 + I_2) + 2 m_2 l_1 l_{g2}\cos\theta_2 & m_2 {l_{g2}}^2 + I_2 + m_2 l_1 l_{g2}\cos\theta_2 \\ m_2 {l_{g2}}^2 + I_2 + m_2 l_1 l_{g2}\cos\theta_2 & m_2 {l_{g2}}^2 + I_2 \end{bmatrix}$$
$$\cdot \begin{bmatrix} \ddot{\theta}_1 \\ \ddot{\theta}_2 \end{bmatrix} + \begin{bmatrix} -2 m_2 l_1 l_{g2}\dot{\theta}_1\dot{\theta}_2\sin\theta_2 - m_2 l_1 l_{g2}\dot{\theta}_2^2\sin\theta_2 \\ m_2 l_1 l_{g2}\dot{\theta}_1^2\sin\theta_2 \end{bmatrix}$$
$$+ \begin{bmatrix} (m_1 g l_{g1} + m_2 g l_1)\cos\theta_1 + m_2 g l_{g2}\cos(\theta_1 + \theta_2) \\ m_2 g l_{g2}\cos(\theta_1 + \theta_2) \end{bmatrix} + \begin{bmatrix} c_1\dot{\theta}_1 \\ c_2\dot{\theta}_2 \end{bmatrix} = \begin{bmatrix} \tau_1 \\ \tau_2 \end{bmatrix} \tag{11.48}$$

ここで状態量 (角度のベクトル) を $\boldsymbol{q} = \begin{bmatrix} \theta_1(t) \\ \theta_2(t) \end{bmatrix}$, 入力項を $\boldsymbol{\tau} = \begin{bmatrix} \tau_1 \\ \tau_2 \end{bmatrix}$ とおき,

慣性行列 $\boldsymbol{M}(\boldsymbol{q})$ を

$$\begin{bmatrix} (m_1{l_{g1}}^2 + m_2{l_1}^2 + m_2{l_{g2}}^2) + (I_1 + I_2) + 2m_2l_1l_{g2}\cos\theta_2 & m_2{l_{g2}}^2 + I_2 + m_2l_1l_{g2}\cos\theta_2 \\ m_2{l_{g2}}^2 + I_2 + m_2l_1l_{g2}\cos\theta_2 & m_2{l_{g2}}^2 + I_2 \end{bmatrix}$$

コリオリ力および遠心力の項 $\boldsymbol{H}(\boldsymbol{q}, \dot{\boldsymbol{q}})$ を

$$\begin{bmatrix} -2m_2l_1l_{g2}\dot{\theta}_1\dot{\theta}_2\sin\theta_2 - m_2l_1l_{g2}\dot{\theta}_2^2\sin\theta_2 \\ m_2l_1l_{g2}\dot{\theta}_1^2\sin\theta_2 \end{bmatrix}$$

重力項 $\boldsymbol{G}(\boldsymbol{q})$ を

$$\begin{bmatrix} (m_1gl_{g1} + m_2gl_1)\cos\theta_1 + m_2gl_{g2}\cos(\theta_1 + \theta_2) \\ m_2gl_{g2}\cos(\theta_1 + \theta_2) \end{bmatrix}$$

粘性摩擦項 $\boldsymbol{D}(\dot{\boldsymbol{q}})$ を

$$\begin{bmatrix} c_1\dot{\theta}_1 \\ c_2\dot{\theta}_2 \end{bmatrix}$$

とおくと, 式 (11.48) は次のようにまとめて書くことができる.

$$\boldsymbol{M}(\boldsymbol{q})\ddot{\boldsymbol{q}} + \boldsymbol{H}(\boldsymbol{q}, \dot{\boldsymbol{q}}) + \boldsymbol{G}(\boldsymbol{q}) + \boldsymbol{D}(\dot{\boldsymbol{q}}) = \boldsymbol{\tau} \tag{11.49}$$

演習課題

例1のモデルについて, 鉛直上方向からの振子の傾きを $\theta(t)$ とおくこととし, 他の条件は同一とする. この時, ラグランジュの方程式を利用して運動方程式を求める際の導出過程を示せ. なお, 得られる運動方程式は以下で与えられる.

$$\begin{bmatrix} M + m & ml\cos\theta(t) \\ ml\cos\theta(t) & J + ml^2 \end{bmatrix} \begin{bmatrix} \ddot{x}(t) \\ \ddot{\theta}(t) \end{bmatrix} + \begin{bmatrix} -ml\dot{\theta}^2(t)\sin\theta(t) \\ 0 \end{bmatrix}$$
$$+ \begin{bmatrix} 0 \\ -mgl\sin\theta(t) \end{bmatrix} + \begin{bmatrix} c_1\dot{x}(t) \\ c_2\dot{\theta}(t) \end{bmatrix} = \begin{bmatrix} u(t) \\ 0 \end{bmatrix} \tag{11.50}$$

第12章 フィードバック制御

12.1 フィードバック制御とフィードフォワード制御

ある目的に適合するように対象となっているものに所要の操作を加えることを制御と言い，一般にフィードバック制御とフィードフォワード制御に分類することができる．

フィードバック制御

制御対象から得られた制御結果を操作量を決定する入力側に戻し，制御目標との差を0にするような操作を行う制御方法．

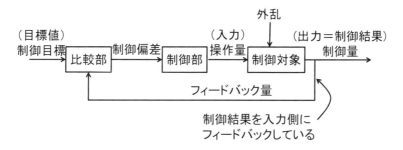

図 12.1: フィードバック制御系

フィードフォワード制御

制御対象から得られた制御結果を操作量を決定する入力側に戻さず，ただちに制御目標を達成するような操作を行う制御方法．

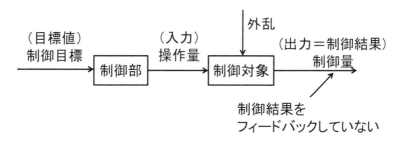

図 12.2: フィードフォワード制御系

これまでは図 12.1，図 12.2 における「制御対象」(モデルやシステムと呼んでいたもの) の性質を，入力 (操作量) と出力 (制御量) に関する式 (微分方程式，伝達関数，状態空間表現) で記述する方法 (モデリング) について示し，さらに得られたモデルの性質を時間領

域 (ステップ応答やインパルス応答の過渡応答. 横軸の単位が時間 t になっているグラフ) や周波数領域 (ボード線図を用いた周波数応答. 横軸の単位が周波数 ω になっているグラフ) で確認する方法についても述べた. 以下では何らかの制御目標を達成するために, 制御対象へ与える操作量を決定する制御部の仕組みと, それによって構成される制御系 (目標値から出力までの性質. 言い換えれば目標値と出力に関する式) の性質について考える.

12.2 フィードバック制御系と比例制御

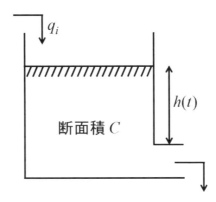

図 12.3: 断面積一定のタンクシステム

(例 1) 図 12.3 の断面積一定のタンクシステムについて考える. 流出口からの抵抗を R, 断面積を C, 入力を流入量 $q_i(t)$, 出力を液位 $h(t)$ とおき, 動作点 h_s で線形化すると次の式が得られた (以下の $h(t)$ は h_s を基準としたときの液位の変化である).

$$RC\frac{dh(t)}{dt} + h(t) = Rq_i(t) \tag{12.1}$$

両辺に $\frac{1}{RC}$ を乗じ, $a = \frac{1}{RC}$, $b = \frac{1}{C}$ とおくと

$$\frac{dh(t)}{dt} + ah(t) = bq_i(t) \tag{12.2}$$

$h(0) = 0$ とおき, h_s から見た目標液位 h_r に現在の液位 $h(t)$ が一致するような流入量 $q_i(t)$ をフィードバック制御則によって決定することを考える. そこで制御偏差 $e_d(t) = h_r - h(t)$ に比例定数 $K > 0$ を乗じた量を操作量 $q_i(t)$ とした次式を考える.

$$q_i(t) = Ke_d(t) \tag{12.3}$$

するとこの制御則によって構成されるフィードバック制御系は図 12.4 のように表すことができる.

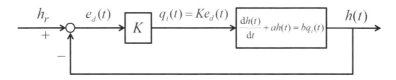

図 12.4: フィードバック制御系

一方，フィードフォワード制御則として目標液位 h_r に比例定数 $K>0$ を乗じた量を操作量 $q_i(t)$ とした次式を考える．

$$q_i(t) = Kh_r \tag{12.4}$$

するとフィードフォワード制御系として図 12.5 のようなシステムを構成することができる．

図 12.5: フィードフォワード制御系

このように制御偏差や目標値に比例定数を乗じたものを操作量として利用する制御法を比例制御と呼ぶ．つぎにフィードバック制御系の性質として h_r と $h(t)$ の関係式を調べてみる．制御対象に与えられる操作量 $q_i(t) = Ke_d(t) = K(h_r - h(t))$ を式 (12.2) に代入すると

$$\frac{dh(t)}{dt} + ah(t) = bK(h_r - h(t)) \Rightarrow \frac{dh(t)}{dt} = -(a+bK)\left(h(t) - \frac{bK}{a+bK}h_r\right) \tag{12.5}$$

変数分離形で解くと $\int \frac{1}{h(t) - \frac{bK}{a+bK}h_r} dh = -(a+bK)\int dt + C_1$ より

$$\log\left|h(t) - \frac{bK}{a+bK}h_r\right| = -(a+bK)t + C_1$$

すなわち

$$h(t) - \frac{bK}{a+bK}h_r = \pm e^{C_1} e^{-(a+bK)t} \tag{12.6}$$

$C = \pm e^{C_1}$ とすると

$$h(t) = \frac{bK}{a+bK}h_r + Ce^{-(a+bK)t} \tag{12.7}$$

$h(0) = 0$ より

$$h(0) = \frac{bK}{a+bK}h_r + C = 0 \tag{12.8}$$

すなわち $C = -\dfrac{bK}{a+bK}h_r$ であるから

$$h(t) = \frac{bK}{a+bK}h_r - \frac{bK}{a+bK}h_r e^{-(a+bK)t} \tag{12.9}$$

したがってフィードバック制御系における h_r と $h(t)$ の関係は次式で与えられる.

$$h(t) = \frac{bK}{a+bK}\left(1 - e^{-(a+bK)t}\right)h_r \tag{12.10}$$

つぎに,フィードフォワード制御系の性質を調べる.操作量 $q_i(t) = Kh_r$ を式 (12.2) に代入すると

$$\frac{dh(t)}{dt} + ah(t) = bKh_r \quad \Rightarrow \quad \frac{dh(t)}{dt} = -a\left(h(t) - \frac{bK}{a}h_r\right) \tag{12.11}$$

変数分離形として解くと $\displaystyle\int \frac{1}{h(t) - \frac{bK}{a}h_r}dh = -a\int dt + C_1$ より

$$\log\left|h(t) - \frac{bK}{a}h_r\right| = -at + C_1 \tag{12.12}$$

$C = \pm e^{C_1}$ とすると

$$h(t) = Ce^{-at} + \frac{bK}{a}h_r \tag{12.13}$$

$h(0) = 0$ より

$$C = -\frac{bK}{a}h_r \tag{12.14}$$

よってフィードフォワード制御系における h_r と $h(t)$ の関係は次式で与えられる.

$$h(t) = \frac{bK}{a}\left(1 - e^{-at}\right)h_r \tag{12.15}$$

$a > 0$, $a + bK > 0$ であるので,$t \to \infty$ において式 (12.10),式 (12.15) の指数関数部分はそれぞれ次のようになる.

$$e^{-(a+bK)t} \to 0, \quad e^{-at} \to 0 \tag{12.16}$$

よって時間 t が十分経過したとして $t \to \infty$ とおくと式 (12.10),式 (12.15) は以下で与えられる.

$$h(\infty) = \frac{bK}{a+bK}h_r \tag{12.17}$$

$$h(\infty) = \frac{bK}{a}h_r \tag{12.18}$$

なお K は制御部で設定した比例定数 (制御系を設計する者が自由に選ぶことのできる設計パラメータ) である.h_r が目標液位,$h(\infty)$ が $t \to \infty$ での液位 $h(t)$ の定常値であることに注意して K を変化させると表 12.1 の値を得る.

表 12.1: フィードバック制御系とフィードフォワード制御系の比例制御の結果

比例ゲイン	K	1	$\frac{a}{b}$	10	1000
フィードバック制御系の定常値 $h(\infty)$	$\frac{bK}{a+bK}h_r$	$\frac{b}{a+b}h_r$	$\frac{1}{2}h_r$	$\frac{10b}{a+10b}h_r$	$\frac{1000b}{a+1000b}h_r$
フィードフォワード制御系の定常値 $h(\infty)$	$\frac{bK}{a}h_r$	$\frac{b}{a}h_r$	h_r	$\frac{10b}{a}h_r$	$\frac{1000b}{a}h_r$

比例制御を行った場合，つぎのことが分かる．①フィードバック制御系では比例定数 (比例ゲイン)K を大きくするにつれ，液位の定常値が目標液位に近づく (ただし $K\to\infty$ としない限り一致はしない)．②フィードフォワード制御系では K の値を調整すると液位の定常値が目標液位と一致することがある．

(例2) 想定しているモデルにずれ (モデル化誤差と呼ぶ) があった場合を考える．具体的には，制御対象が $\dfrac{dh(t)}{dt} + ah(t) = bq_i(t)$ ではなく，$a\to a'$, $b\to b'$ のように制御対象として想定したモデルのパラメータと実際のモデルのパラメータの間に誤差が含まれていた場合を考える．$h(0) = 0$ とすると，フィードバック制御系とフィードフォワード制御系の液位の定常値は前述の結果を利用して次のように書ける．

$$h(\infty) = \frac{b'K}{a' + b'K}h_r \tag{12.19}$$

$$h(\infty) = \frac{b'K}{a'}h_r \tag{12.20}$$

ここで例 1 と同じ比例ゲイン K を与えたとすると表 12.2 の値を得る．

表 12.2: モデル化誤差がある場合の比例制御の結果

比例ゲイン	K	1	$\frac{a}{b}$	1000
フィードバック制御系の定常値 $h(\infty)$	$\frac{b'K}{a'+b'K}h_r$	$\frac{b'}{a'+b'}h_r$	$\frac{b'a}{ba'+b'a}h_r$	$\frac{1000b'}{a'+1000b'}h_r$
フィードフォワード制御系の定常値 $h(\infty)$	$\frac{b'K}{a'}h_r$	$\frac{b'}{a'}h_r$	$\frac{b'a}{a'b}h_r$	$\frac{1000b'}{a'}h_r$

この表からモデル化誤差がある場合に比例制御を行うとつぎのことが分かる．①'フィードバック制御系では K を大きくするにつれて液位の定常値が目標液位に近づく．②'モデル化誤差が存在しない場合に液位が目標値と一致していた表 12.1 の比例ゲイン ($K = \dfrac{a}{b}$) に対して，モデル化誤差がある場合はフィードフォワード制御系では目標液位と一致しなくなる (例：$a = 1$, $b = 1 \Rightarrow a' = 0.8$, $b' = 1.2$ になったとすると式 (12.18) で $h(\infty) = h_r$ となっていたが式 (12.20) では $h(\infty) = \dfrac{1.2}{0.8}h_r = 1.5h_r$ のように 50% も目標液位からずれが生じてしまう)．

(例3) 図 12.6，図 12.7 のように外乱 d が混入した場合を考える．具体的には，制御対象の出力側に外乱 d が混入し，出力が $h'(t) = h(t) + d$ で新たに定義されるものとする．こ

83

こで d は一定値とし，$h(0) = 0$ とする．このとき目標液位 h_r に対して出力 $h'(t)$ が比例ゲイン K によってどのように表されるか考える．

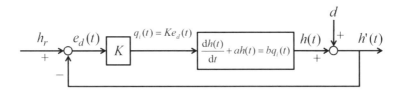

図 12.6: 出力側に外乱が混入したフィードバック制御系

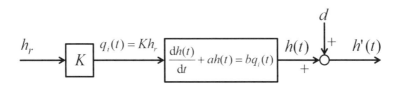

図 12.7: 出力側に外乱が混入したフィードフォワード制御系

まずフィードバック制御系について考える．図 12.6 から操作量は次のように与えられる．

$$
\begin{aligned}
q_i(t) &= Ke_d(t) = K(h_r - h'(t)) = K(h_r - h(t) - d) \\
&= -K\{h(t) - (h_r - d)\}
\end{aligned}
\tag{12.21}
$$

制御対象のモデルの式 (12.2) に式 (12.21) を代入すると

$$
\frac{dh(t)}{dt} + ah(t) = -bK\{h(t) - (h_r - d)\}
$$

すなわち

$$
\frac{dh(t)}{dt} = -(a+bK)\left\{h(t) - \frac{bK}{a+bK}(h_r - d)\right\} \tag{12.22}
$$

式 (12.22) を変数分離形で解くことを考える．

$$
\int \frac{1}{h(t) - \frac{bK}{a+bK}(h_r - d)} dh = -(a+bK)\int dt + C_1 \tag{12.23}
$$

$C = \pm e^{C_1}$ とおき，$h(0) = 0$ から $C = -\frac{bK}{a+bK}(h_r - d)$ となる．よって

$$
\begin{aligned}
h(t) &= \frac{bK}{a+bK}\left(1 - e^{-(a+bK)t}\right)(h_r - d) \\
&= \frac{bK}{a+bK}\left(1 - e^{-(a+bK)t}\right)h_r - \frac{bK}{a+bK}\left(1 - e^{-(a+bK)t}\right)d
\end{aligned}
\tag{12.24}
$$

ここで出力は新たに $h'(t) = h(t) + d$ としているので，以下の関係が与えられる．

$$
h'(t) = \frac{bK}{a+bK}\left(1 - e^{-(a+bK)t}\right)h_r + \left\{1 - \frac{bK}{a+bK}\left(1 - e^{-(a+bK)t}\right)\right\}d \tag{12.25}
$$

フィードフォワード制御系については $q_i(t) = Kh_r$ を代入して $h'(t)$ を計算する．出力を新たに $h'(t) = h(t) + d$ で定義したことに注意し，例1で求めた $h(t)$ を利用すると次のように与えることができる．

$$h'(t) = \frac{bK}{a}\left(1 - e^{-at}\right)h_r + d \tag{12.26}$$

ここで例1と同様に $t \to \infty$ に対して $e^{-(a+bK)t} \to 0$，$e^{-at} \to 0$ となるから，式 (12.25)，式 (12.26) の定常値 $h'(\infty)$ は以下で与えられる．

$$h'(\infty) = \frac{bK}{a+bK}h_r + \frac{a}{a+bK}d \tag{12.27}$$

$$h'(\infty) = \frac{bK}{a}h_r + d \tag{12.28}$$

このとき例1と同じ比例ゲイン K を与えると表 12.3 の値を得る．

表 12.3: 出力側に外乱 d が混入した場合の比例制御の結果

比例ゲイン K	1	$\frac{a}{b}$
フィードバック制御系の定常値 $h'(\infty) = \frac{bK}{a+bK}h_r + \frac{a}{a+bK}d$	$\frac{b}{a+b}h_r + \frac{a}{a+b}d$	$\frac{1}{2}h_r + \frac{1}{2}d$
フィードフォワード制御系の定常値 $h'(\infty) = \frac{bK}{a}h_r + d$	$\frac{b}{a}h_r + d$	$h_r + d$
比例ゲイン K	1000	
フィードバック制御系の定常値 $h'(\infty) = \frac{bK}{a+bK}h_r + \frac{a}{a+bK}d$	$\frac{1000b}{a+1000b}h_r + \frac{a}{a+1000b}d$	
フィードフォワード制御系の定常値 $h'(\infty) = \frac{bK}{a}h_r + d$	$\frac{1000b}{a}h_r + d$	

　この表から，出力側に外乱 d が混入した場合に比例制御を行うと次のことが分かる．①"フィードバック制御系では比例ゲイン K を大きくすることで液位の定常値 $h'(\infty)$ が目標液位 h_r に近づきつつ，外乱 d の影響を小さく抑えることができる．②"フィードフォワード制御系は K の値によらず外乱 d の影響を抑えることはできない．以上より，フィードバック制御系はモデル化誤差や外乱による制御結果への影響を抑制する効果を持つことが分かる．

演習課題

　図 12.8，図 12.9 のように比例ゲイン $K > 0$ によるフィードバック制御系とフィードフォワード制御系を考える．ここで $a > 0$，$a + bK > 0$，$h(0) = 0$ とする．また目標値を h_r，入力を $q_i(t)$，出力を $h(t)$，外乱を d とおき，h_r と d は一定値であるとする．このとき各制御系について $h(t)$ を h_r，d からなる式で表せ．

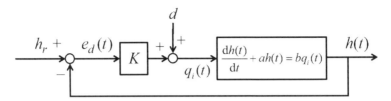

図 12.8: フィードバック制御系

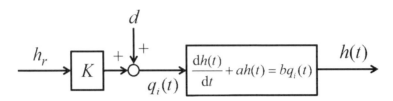

図 12.9: フィードフォワード制御系

具体的には，フィードバック制御系では

$$q_i(t) = Ke_d(t) + d \tag{12.29}$$
$$e_d(t) = h_r - h(t) \tag{12.30}$$
$$\frac{dh(t)}{dt} + ah(t) = bq_i(t) \tag{12.31}$$

が成り立ち，フィードフォワード制御系では

$$q_i(t) = Kh_r(t) + d \tag{12.32}$$
$$\frac{dh(t)}{dt} + ah(t) = bq_i(t) \tag{12.33}$$

が成り立つものとする．

第13章 システムの安定性

本章において，「システムが安定である」とは有界な入力に対して，それを与えられたシステムの出力が有界な値にとどまることと定義する．以下では出力を $y(t)$，入力を $u(t)$ で表し，それらの関係からシステムの安定性の概念について述べる．

(例 1) a_0，b_0 を定数としたシステムについて考える．

$$\dot{y}(t) + a_0 y(t) = b_0 u(t) \tag{13.1}$$

以下では入力を $u(t) = 1$ とおき，$y(0) = 0$，$t \geq 0$ の場合の $y(t)$ を計算する．このとき式 (13.1) は $\dot{y}(t) + a_0 y(t) = b_0$ と書ける．$a_0 \neq 0$ として変数分離形で解いていくと

$$\dot{y}(t) = -a_0 \left(y(t) - \frac{b_0}{a_0} \right) \Rightarrow \int \frac{1}{y(t) - \frac{b_0}{a_0}} dy(t) = -a_0 \int dt = -a_0 t + C_1 \tag{13.2}$$

ここで C_1 は積分定数である．さらに

$$\log \left| y(t) - \frac{b_0}{a_0} \right| = -a_0 t + C_1 \Rightarrow y(t) - \frac{b_0}{a_0} = \pm e^{-a_0 t + C_1} = \pm e^{C_1} \cdot e^{-a_0 t} \tag{13.3}$$

$C = \pm e^{C_1}$ とおくと $y(t) = C e^{-a_0 t} + \dfrac{b_0}{a_0}$ となる．さらに $y(0) = 0$ より $C = -\dfrac{b_0}{a_0}$ であるので

$$y(t) = \frac{b_0}{a_0}(1 - e^{-a_0 t}) \tag{13.4}$$

つぎに $a_0 = 0$ の場合を考える．与式は $\dot{y}(t) = b_0$ となるので

$$\int dy(t) = b_0 \int dt + C_1 = b_0 t + C_1 \quad (C_1 は積分定数) \tag{13.5}$$

すなわち

$$y(t) = b_0 t + C_1 \tag{13.6}$$

さらに $y(0) = 0$ より $C_1 = 0$ であるので

$$y(t) = b_0 t \tag{13.7}$$

式 (13.4)，式 (13.7) より $t \geq 0$ に対する $\dot{y}(t) + a_0 y(t) = b_0 u(t)(y(0) = 0$，$u(t) = 1)$ の出力応答は以下で与えられる．このときの応答を図 13.1 に示す．

$$\begin{aligned} a_0 \neq 0 \text{ の場合：} \quad & y(t) = \frac{b_0}{a_0}(1 - e^{-a_0 t}) \\ a_0 = 0 \text{ の場合：} \quad & y(t) = b_0 t \end{aligned} \tag{13.8}$$

87

図 13.1 のグラフより，出力 $y(t)$ が有界な値にとどまる (すなわち，システムが安定である) のは，$y(t)$ の式の右辺の指数部の係数 $-a_0$ が負の場合であることが分かる ($-a_0$ が正または 0 の場合は $y(t)$ の絶対値が増大し発散するので「システムは不安定である」という).

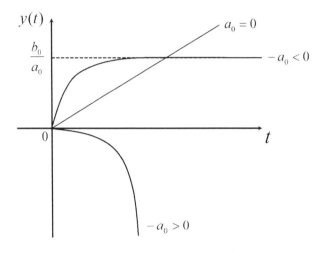

図 13.1: システムの応答

(例 2) a_1, a_0, b_0 を定数としたシステムについて考える.

$$\ddot{y}(t) + a_1\dot{y}(t) + a_0 y(t) = b_0 u(t) \tag{13.9}$$

ここでは $y(0) = 0$, $\dot{y}(0) = 0$, $t \geq 0$ に対して $u(t) = 1$ の場合の $y(t)$ を計算する. 式 (13.9) は 2 階定数係数線形非同次微分方程式であるので，まず余関数 $y_0(t)$ を求める. このとき特性方程式は次のように書くことができる.

$$\lambda^2 + a_1 \lambda + a_0 = 0 \tag{13.10}$$

よって式 (13.10) の根は次のように求められる.

$$\lambda = \frac{-a_1 \pm \sqrt{a_1{}^2 - 4a_0}}{2} \tag{13.11}$$

以下では得られる根を異なる実数根に限定して話を進める. 得られた解をそれぞれ λ_1, λ_2 とすると余関数 $y_0(t)$ はつぎのように与えられる.

$$y_0(t) = C_1 e^{\lambda_1 t} + C_2 e^{\lambda_2 t} \tag{13.12}$$

さらに特殊解 $y_1(t)$ を求めるため，ここでは未定係数法を利用する. 非同次項は b_0(定数) かつ $\lambda_1 \neq \lambda_2$ より A_0 を定数として $y_1(t) = A_0$ とおくと $\dot{y}_1(t) = 0$, $\ddot{y}_1(t) = 0$ である. 与式に代入すると $a_0 A_0 = b_0$ より $A_0 = \dfrac{b_0}{a_0}$. すなわち与式の一般解は以下のように与えられる.

$$y(t) = y_0(t) + y_1(t) = C_1 e^{\lambda_1 t} + C_2 e^{\lambda_2 t} + \frac{b_0}{a_0} \tag{13.13}$$

つぎに任意定数 C_1, C_2 の値を定めるため，与えられた条件 $y(0) = 0$, $\dot{y}(0) = 0$ を式 (13.13) に代入すると以下の関係が得られる．

$$C_1 + C_2 + \frac{b_0}{a_0} = 0 \tag{13.14}$$

$$\lambda_1 C_1 + \lambda_2 C_2 = 0 \tag{13.15}$$

式 (13.15) を変形すると $C_1 = -\dfrac{\lambda_1}{\lambda_2} C_2$ となり，これを式 (13.14) に代入すると $-\dfrac{\lambda_1}{\lambda_2} C_2 + C_2 + \dfrac{b_0}{a_0} = 0$. すなわち $\dfrac{\lambda_1 - \lambda_2}{\lambda_1} C_2 = -\dfrac{b_0}{a_0}$ となる．これらをまとめると C_1, C_2 は次のようになる．

$$C_1 = \frac{b_0}{a_0} \frac{\lambda_2}{\lambda_1 - \lambda_2} \tag{13.16}$$

$$C_2 = -\frac{b_0}{a_0} \frac{\lambda_1}{\lambda_1 - \lambda_2} \tag{13.17}$$

式 (13.13) に式 (13.16)，式 (13.17) を代入すると

$$y(t) = \frac{b_0}{a_0} \left(1 + \frac{\lambda_2}{\lambda_1 - \lambda_2} e^{\lambda_1 t} - \frac{\lambda_1}{\lambda_1 - \lambda_2} e^{\lambda_2 t} \right) \tag{13.18}$$

を得る．もし $\lambda_1 < 0$ かつ $\lambda_2 < 0$ ならば $t \to \infty$ において $e^{\lambda_1 t} \to 0$, $e^{\lambda_2 t} \to 0$ となる．さらに $a_0 \neq 0$ であれば $y(t) \to \dfrac{b_0}{a_0}$ となりこのシステムは安定である．しかし，$\lambda_1 > 0$ または $\lambda_2 > 0$ となる場合は，$t \to \infty$ において $e^{\lambda_1 t} \to \infty$ または $e^{\lambda_2 t} \to \infty$ となる．これは $a_0 \neq 0$ に対して $y(t) \to \infty$ または $y(t) \to -\infty$ となることを意味しており，システムは不安定になる（ここでは λ を実数根に限定しているが，共役な複素数解の場合でも $y(t)$ に三角関数が現れるだけで結果は変わらない）．

ところで式 (13.18) において $a_0 = 0$ や $\lambda_1 - \lambda_2 = 0$ ($\lambda_1 = \lambda_2$) となる場合には $y(t)$ が定まらない．そこで以下のように考える．

<u>$a_0 = 0$ の場合</u>　与式は $\ddot{y}(t) + a_1 \dot{y}(t) = b_0$ と書ける．このとき特性方程式は $\lambda^2 + a_1 \lambda = 0$ となるので，$\lambda = 0$, $-a_1$ が得られる．よって余関数 $y_0(t)$ は次のようになる．

$$y_0(t) = C_1 e^{0 \cdot t} + C_2 e^{-a_1 t} = C_1 + C_2 e^{-a_1 t} \tag{13.19}$$

未定係数法を利用して特殊解 $y_1(t)$ を求めると，特性方程式の解に 0 が 1 つ含まれるので $y_1(t) = t A_0$ とおける．$\dot{y}_1(t) = A_0$, $\dot{y}_1(t) = 0$ を与式に代入すると $C_1 + C_2 = 0$ および $-a_1 C_2 + \dfrac{b_0}{a_1} = 0$ という関係が得られる．よって $C_1 = -\dfrac{b_0}{a_1{}^2}$, $C_2 = \dfrac{b_0}{a_1{}^2}$ が得られる．ゆえに出力 $y(t)$ は次式で与えられる．

$$y(t) = \frac{b_0}{a_1} t - \frac{b_0}{a_1{}^2} (1 - e^{-a_1 t}) \tag{13.20}$$

式 (13.20) から $\lambda = -a_1$ の値によらず $t \to \infty$ で $y(t) \to \infty$ となることが分かる．すなわち解に $\lambda = 0$ を含むと不安定になることが分かる．なお $a_0 = 0$ に加えてさらに $a_1 = 0$（解

89

が 0 で重根) の場合，与式は $\ddot{y}(t) = b_0$ となり，$\dot{y}(t) = b_0 \int dt + C_1 = b_0 t + C_1$，さらに $y(t) = b_0 \int t dt + \int C_1 dt + C_2 = \frac{1}{2} b_0 t^2 + C_1 t + C_2$ のように求められる．ここで $y(0) = 0$，$\dot{y}(0) = 0$ より $C_1 = C_2 = 0$．よって $y(t) = \frac{1}{2} b_0 t^2$ を得るが，これも $t \to \infty$ で $y(t) \to \infty$ となりシステムは不安定となる．

<u>$\lambda_1 = \lambda_2$ の場合</u> 式 (13.19) の特性方程式が重解 ($\lambda_1 = \lambda_2$) を持つためには $a_1{}^2 - 4a_0 = 0$ となる必要があり，ここでは $a_0 = \frac{1}{4} a_1{}^2$ とおく．すると式 (13.19) は

$$\ddot{y}(t) + a_1 \dot{y}(t) + \frac{1}{4} a_1{}^2 y(t) = b_0 \tag{13.21}$$

となる．特性方程式 $\lambda^2 + a_1 \lambda + \frac{1}{4} a_1{}^2 = 0$ を解くと以下の重解が求められる．

$$\lambda = -\frac{a_1}{2} \tag{13.22}$$

よって余関数 $y_0(t)$ は以下で与えられる．

$$y_0(t) = C_1 e^{-\frac{a_1}{2} t} + C_2 t e^{-\frac{a_1}{2} t} \tag{13.23}$$

これまでと同様に未定係数法を利用して特殊解 $y_1(t)$ を求める．$\lambda \neq 0$ とすると $y_1(t) = A_0$ とおける．よって $\dot{y}_1(t) = 0$，$\ddot{y}_1(t) = 0$ を式 (13.21) に代入すると $\frac{1}{4} a_1{}^2 A_0 = b_0$ すなわち $A_0 = \frac{4b_0}{a_1{}^2}$ となる．よって特殊解 $y_1(t)$ はつぎのように表すことができる．

$$y_1(t) = \frac{4b_0}{a_1{}^2} \tag{13.24}$$

式 (13.23)，式 (13.24) より一般解は次のように書くことができる．

$$y(t) = C_1 e^{-\frac{a_1}{2} t} + C_2 t e^{-\frac{a_1}{2} t} + \frac{4b_0}{a_1{}^2} \tag{13.25}$$

$y(0) = 0$，$\dot{y}(0) = 0$ を式 (13.25) に代入すると C_1，C_2 は

$$C_1 = -\frac{4b_0}{a_1{}^2}, \quad C_2 = -\frac{2b_0}{a_1} \tag{13.26}$$

よって出力 $y(t)$ は次式で与えられる．

$$y(t) = \frac{4b_0}{a_1{}^2} - \frac{2b_0}{a_1} \left(\frac{2}{a_1} + t \right) e^{-\frac{a_1}{2} t} \tag{13.27}$$

以上より $\lambda \left(= -\frac{a_1}{2} \right)$ が負ならば $t \to \infty$ において $y(t) \to \frac{4b_0}{a_1{}^2}$ となりこのシステムは安定である．λ が正ならば $t \to \infty$ で $y(t) \to -\infty$ となりシステムが不安定となることが分かる．

以上をまとめると，与えられたモデル (微分方程式) の特性方程式の解の実部がすべて負であれば，そのシステムは安定であり，解が 1 つでも負とならない値を含んでいれば，そのシステムは不安定となることが分かる．このことは，微分方程式で与えられるモデル

に対し，ラプラス変換を施すことによって得られる伝達関数の分母多項式=0 とおいた式の解で安定性を判別することと等しい．しかしこれまでのように，特性方程式の解を計算することで安定性を判別することができれば良いが，高次のモデル (微分方程式の最高階数が大きい，言い換えれば伝達関数の s の次数が大きい) に対して特性方程式の解を得ることは手計算では難しい．そのため，次のような安定判別法が考案されている．

13.1　ラウスの安定判別法

定係数の線形微分方程式で表される線形時不変システムの特性方程式を

$$a_n s^n + a_{n-1} s^{n-1} + a_{n-2} s^{n-2} + \cdot + a_1 s + a_0 = 0$$

とおく．このシステムが安定かどうかは，次の条件を調べれば良い．

(条件1) すべての係数 a_n，a_{n-1}，$\cdots$，a_1，a_0 が存在して，かつ同符号である．

(条件2) 条件1を満たしている場合のみ，次のラウス表を作成する．このラウス表の第1列　(ラウス数列と呼ぶ)$\{a_n，a_{n-1}，b_1，c_1，\cdots\}$ の要素がすべて同符号である．

s^n	a_n	a_{n-2}	a_{n-4}	$\cdots$
s^{n-1}	a_{n-1}	a_{n-3}	a_{n-5}	$\cdots$
s^{n-2}	$b_1 = (a_{n-1} \cdot a_{n-2} - a_n \cdot a_{n-3})/a_{n-1}$	$b_2 = (a_{n-1} \cdot a_{n-4} - a_n \cdot a_{n-5})/a_{n-1}$	b_3	
s^{n-3}	$c_1 = (b_1 \cdot a_{n-3} - a_{n-1} \cdot b_2)/b_1$	$c_2 = (b_1 \cdot a_{n-5} - a_{n-1} \cdot b_3)/b_1$	c_3	
$\vdots$	$\vdots$	$\vdots$	$\vdots$	
s^0				

なお，ラウス数列の正負の符号変化の数は不安定根 (実部が正である特性方程式の解) の数に等しい．

(例1) 特性方程式 $s^2 + s - 1 = 0$ をもつシステムの安定性を調べよ．

(解) $a_2 = 1$，$a_1 = 1$，$a_0 = -1$ より条件1を満たしていないので安定ではない．

(例2) 特性方程式 $s^2 + s + 1 = 0$ を持つシステムの安定性を調べよ．

(解) $a_2 = 1$，$a_1 = 1$，$a_0 = 1$ より条件1を満たしているのでラウス表を作成する．b_1 は定

s^2	1	1
s^1	1	
s^0	b_1	

義にしたがって $b_1 = (1{\cdot}1 - 1{\cdot}0)/1 = 1$ のように計算できる．よってラウス数列は $\{1,\ 1,\ 1\}$ である．さらにこれらの要素はすべて同符号である．以上より条件 1，2 を満たすのでこのシステムは安定である．

(例 3) 特性方程式 $s^2 + \alpha s + \beta = 0$ を持つシステムが安定となる $\alpha,\ \beta$ の条件を求めよ．

(解) $a_2 = 1,\ a_1 = \alpha,\ a_0 = \beta$ に対して条件 1 を満たすためには $\alpha > 0,\ \beta > 0$ である必要がある．つぎにラウス表を作る．b_1 は定義にしたがって計算すると $b_1 = (\alpha{\cdot}\beta - 1{\cdot}0)/\alpha = \beta$

$$
\begin{array}{c||c|c}
s^2 & 1 & \beta \\
s^1 & \alpha & \\
s^0 & b_1 & \\
\end{array}
$$

のように与えられる．よってラウス数列は $\{1,\ \alpha,\ \beta\}$ である．さらに条件 2 を満たすには $\alpha > 0,\ \beta > 0$ でなければならない．以上より $\alpha > 0,\ \beta > 0$ ならばこのシステムは安定である．

(例 4) 特性方程式 $s^4 + 3s^3 + 2s^2 + 4s + 5 = 0$ を持つシステムの安定性を調べよ．

(解) $a_4 = 1,\ a_3 = 3,\ a_2 = 2,\ a_1 = 4,\ a_0 = 5$ であるので条件 1 を満たしている．ラウス表を作ると以下のようになる．$b_1,\ c_1,\ d_1$ は定義にしたがって計算すると

$$
\begin{array}{c||c|c|c}
s^4 & 1 & 2 & 5 \\
s^3 & 3 & 4 & \\
s^2 & b_1 & b_2 & \\
s^1 & c_1 & c_2 & \\
s^0 & d_1 & & \\
\end{array}
$$

$$
\begin{aligned}
b_1 &= (3{\cdot}2 - 1{\cdot}4)/3 = \frac{2}{3} \\
b_2 &= (3{\cdot}5 - 1{\cdot}0)/3 = 5 \\
c_1 &= (b_1{\cdot}4 - 3{\cdot}b_2)/b_1 = \left(\frac{2}{3}{\cdot}4 - 3{\cdot}5\right) / \left(\frac{2}{3}\right) = -\frac{37}{2} \\
c_2 &= (b_1{\cdot}0 - 3{\cdot}0)/b_1 = \left(\frac{2}{3}{\cdot}0 - 3{\cdot}0\right) / \left(\frac{2}{3}\right) = 0 \\
d_1 &= (c_1{\cdot}b_2 - b_1{\cdot}c_2)/c_1 = \left(-\frac{37}{2}{\cdot}5 - \frac{2}{3}{\cdot}0\right) / \left(-\frac{37}{2}\right) = 5
\end{aligned}
$$

で与えられる．よってラウス数列は $\{1,\ 3,\ \frac{2}{3},\ -\frac{37}{2},\ 5\}$ となり，2 回の符号反転がある．よってこのシステムは不安定である．

(例 5) 特性方程式 $s^3 + 3s^2 + as + 1 = 0$ が安定となる a の条件を求めよ．

(解) $a_3 = 1,\ a_2 = 3,\ a_1 = a,\ a_0 = 1$ に対して条件 1 を満たすには $a > 0$ である必要がある．つぎにラウス表を作る．$b_1,\ b_2,\ c_1$ は定義にしたがって計算すると

$$
\begin{array}{c||c|c|}
s^3 & 1 & a \\
s^2 & 3 & 1 \\
s^1 & b_1 & b_2 \\
s^0 & c_1 &
\end{array}
$$

$$b_1 = (3{\cdot}a - 1{\cdot}1)/3 = (3a-1)/3$$

$$b_2 = (3{\cdot}0 - 1{\cdot}0)/3 = 0$$

$$c_1 = (\frac{3a-1}{3}{\cdot}1 - 3{\cdot}0)/\left(\frac{3a-1}{3}\right) = \frac{3a-1}{3}\cdot\frac{3}{3a-1} = 1$$

で与えられる．よってラウス数列は $\{1,\ 3,\ \dfrac{3a-1}{3},\ 1\}$ となる．これらよりシステムが安定となるには $a > 0$ かつ $3a - 1 > 0$ であれば良い．よって $a > \dfrac{1}{3}$ がこのシステムが安定となるための条件である．

第14章 PID制御系設計

PID制御は産業分野で広く利用されている制御手法の1つである．この制御手法は目標値と出力の偏差信号に対して，比例(Proportional)・積分(Integral)・微分(Derivative)動作を作用させ，それらの和を制御対象への操作量(制御入力)として用いるものである．以下では式(14.1)のタンクシステムを制御対象としてP制御，PD制御，PI制御，PID制御の各手法を適用した場合の制御系の応答から各動作の役割について確認する．

$$\frac{dh(t)}{dt} + ah(t) = bq_i(t) \tag{14.1}$$

ここでは$a > 0$，$b > 0$とし，流入量(制御入力)を$q_i(t)$，基準位置からの液位(出力)を$h(t)$，目標値を一定値h_r，初期条件を$h(0) = 0$，$\dot{h}(0) = \frac{dh(0)}{dt} = 0$とする．なお$K_P$，$K_I$，$K_D$をそれぞれ比例ゲイン(Pゲイン)，積分ゲイン(Iゲイン)，微分ゲイン(Dゲイン)と呼ぶものとする．

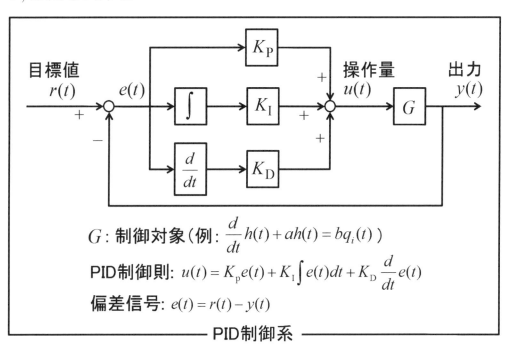

図 14.1: PID制御系

14.1 P 制御の場合 ($K_I = 0,\ K_D = 0$の場合)

制御則は目標値 h_r と出力 $h(t)$ の偏差 $e(t) = h_r - h(t)$ を用いて次式で与えられる.

$$q_i(t) \quad = \quad K_p e(t) \ (\ = \ K_p(h_r - h(t))\ ) \tag{14.2}$$

閉ループ系の式 (目標値 h_r から出力 $h(t)$ への式) を求めるため, 制御則の式 (14.2) を制御対象の式 (14.1) に代入する.

$$\frac{dh(t)}{dt} + ah(t) \quad = \quad bK_P(h_r - h(t)) \tag{14.3}$$

式 (14.3) の右辺の $h(t)$ を左辺に移行すると次式を得る.

$$\frac{dh(t)}{dt} + (a + bK_P)h(t) \quad = \quad bK_P h_r \tag{14.4}$$

変数分離形で解くため, 式 (14.4) を次のように変形する.

$$\frac{dh(t)}{dt} \quad = \quad -(a + bK_P)\left(h(t) - \frac{bK_P}{a + bK_P}h_r\right) \tag{14.5}$$

右辺の $h(t)$ に関する項を移行して両辺を積分する.

$$\int \frac{1}{h(t) - \frac{bK_P}{a+bK_P}h_r}dh(t) \quad = \quad -(a + bK_P)\int dt + C_1 \tag{14.6}$$

ここで C_1 は積分定数である. 式 (14.6) の両辺を積分すると次式を得る.

$$\log\left|h(t) - \frac{bK_P}{a + bK_P}h_r\right| \quad = \quad -(a + bK_P)t + C_1 \tag{14.7}$$

$C = \pm e^{C_1}$ として式 (14.7) を整理すると

$$h(t) \quad = \quad Ce^{-(a+bK_P)t} + \frac{bK_P}{a + bK_P}h_r \tag{14.8}$$

初期条件 $h(0) = 0$ を式 (14.8) に代入することで任意定数 C を求める.

$$h(0) = C + \frac{bK_P}{a + bK_P}h_r = 0 \tag{14.9}$$

式 (14.9) より C は次式で与えられる.

$$C = -\frac{bK_P}{a + bK_P}h_r \tag{14.10}$$

式 (14.10) を式 (14.8) に代入すると閉ループ系の式が以下のように求められる.

$$h(t) = \frac{bK_P}{a + bK_P}h_r\left(1 - e^{-(a+bK_P)t}\right) \tag{14.11}$$

ところで式 (14.4) の特性方程式は $\lambda + (a + bK_P) = 0$ と表すことができる. この実数解 $\lambda = -(a + bK_P)$ が負の場合, 式 (14.11) 右辺第 2 項は $t \to \infty$ で $e^{-(a+bK_P)t} \to 0$ となる.

すなわち出力の定常値は $h(\infty) = \dfrac{bK_P}{a + bK_P} h_r$ となる．さらに定常偏差 $e(\infty) = h_r - h(\infty)$ は

$$e(\infty) = h_r - \frac{bK_P}{a + bK_P} h_r = \frac{a}{a + bK_P} h_r \tag{14.12}$$

式 (14.12) から K_P を大きくすれば定常偏差 $e(\infty)$ が小さくなることが分かる．すなわち P 制御は目標値が一定ならば P ゲインを大きくすることで定常偏差を小さくする働きがあると言える．

14.2 PD 制御の場合 ($K_I = 0$ の場合)

制御則は目標値 h_r と出力 $h(t)$ の偏差 $e(t) = h_r - h(t)$ を用いて次式で与えられる．

$$q_i(t) = K_P e(t) + K_D \frac{d}{dt} e(t) \left(= K_P(h_r - h(t)) + K_D \frac{d}{dt}(h_r - h(t)) \right) \tag{14.13}$$

閉ループ系の式を求めるため，この制御則の式 (14.13) を制御対象の式 (14.1) に代入する．

$$\frac{dh(t)}{dt} + ah(t) = bK_P(h_r - h(t)) + bK_D \frac{d}{dt}(h_r - h(t)) \tag{14.14}$$

目標値 h_r は一定値であるので $\dfrac{d}{dt} h_r = 0$．すなわち $\dfrac{d}{dt}(h_r - h(t)) = -\dfrac{d}{dt} h(t)$ である．よって

$$\frac{dh(t)}{dt} + ah(t) = bK_P h_r - bK_P h(t) - bK_D \frac{d}{dt} h(t) \tag{14.15}$$

式 (14.15) を整理すると

$$(1 + bK_D)\frac{dh(t)}{dt} + (a + bK_P)h(t) = bK_P h_r \tag{14.16}$$

変数分離形として解くため，式 (14.16) を次のように変形する．

$$\frac{dh(t)}{dt} = -\frac{a + bK_P}{1 + bK_D} \left(h(t) - \frac{bK_P}{a + bK_P} h_r \right) \tag{14.17}$$

右辺の $h(t)$ に関する項を移行して両辺を積分する．

$$\int \frac{1}{h(t) - \frac{bK_P}{a + bK_P} h_r} dh(t) = -\frac{a + bK_P}{1 + bK_D} \int dt + C_1 \tag{14.18}$$

C_1 は積分定数である．式 (14.18) の両辺を計算すると次式を得る．

$$\log \left| h(t) - \frac{bK_P}{a + bK_P} h_r \right| = -\frac{a + bK_P}{a + bK_D} t + C_1 \tag{14.19}$$

$C = \pm e^{C_1}$ とおいて式 (14.19) を整理すると

$$h(t) = C e^{-\frac{a + bK_P}{a + bK_D} t} + \frac{bK_P}{a + bK_P} h_r \tag{14.20}$$

97

初期条件 $h(0) = 0$ を式 (14.20) に代入して任意定数 C を計算する.

$$h(0) = C + \frac{bK_P}{a + bK_P}h_r = 0 \tag{14.21}$$

よって $C = -\dfrac{bK_P}{a + bK_P}h_r$ が得られた. これを式 (14.20) に代入すると閉ループ系の式は次のように求められる.

$$h(t) = \frac{bK_P}{a + bK_P}h_r \left(1 - e^{-\frac{a + bK_P}{a + bK_D}t}\right) \tag{14.22}$$

なお, 式 (14.16) から特性方程式は $\lambda + \dfrac{a + bK_P}{a + bK_D} = 0$ であり, 解は $\lambda = -\dfrac{a + bK_P}{a + bK_D}$ となる. この実数解が負の場合, 閉ループ系は安定となり式 (14.22) 右辺第 2 項は $t \to \infty$ で $e^{-\frac{a + bK_P}{a + bK_D}t} \to 0$ となるが, 出力の定常値への収束の速さは右辺第 2 項の指数関数の係数 $-\dfrac{a + bK_P}{a + bK_D}$ の値に依存することがわかる. 例えば K_D を大きくすると $-\dfrac{a + bK_P}{a + bK_D}$ の絶対値は小さくなるので, $e^{-\frac{a + bK_P}{a + bK_D}t}$ が 0 へ収束する速さが遅くなる. すなわち出力 $h(t)$ が定常値 $h(\infty)$ へ収束する速さが遅くなる. また K_D を 0 に近づければ P 制御の応答に近くなる. さらに定常偏差は

$$e(\infty) = h_r - h(\infty) = h_r - \frac{bK_P}{a + bK_P}h_r = \frac{a}{a + bK_P}h_r \tag{14.23}$$

となり P 制御と一致する. 以上より PD 動作は応答の減衰性を調整する働きがあると言える.

14.3　PI 制御の場合 ($K_D = 0$ の場合)

制御則は目標値 h_r と出力 $h(t)$ の偏差 $e(t) = h_r - h(t)$ を用いて次式で与えられる.

$$q_i(t) = K_P e(t) + K_I \int e(t)dt \quad \left(= K_P(h_r - h(t)) + K_I \int (h_r - h(t))dt \right) \tag{14.24}$$

閉ループ系の式を求めるために, 制御則の式 (14.24) を制御対象の式 (14.1) に代入する.

$$\frac{dh(t)}{dt} + ah(t) = bq_i(t) = bK_P(h_r - h(t)) + bK_I \int (h_r - h(t))dt \tag{14.25}$$

式 (14.25) の両辺を微分すると

$$\frac{d^2h(t)}{dt^2} + a\frac{dh(t)}{dt} = bK_P\frac{d}{dt}(h_r - h(t)) + bK_I(h_r - h(t)) \tag{14.26}$$

$\dfrac{d}{dt}(h_r - h(t)) = -\dfrac{d}{dt}h(t)$ であるので式 (14.26) は $\dfrac{d^2h(t)}{dt^2} + a\dfrac{dh(t)}{dt} = -bK_P\dfrac{dh(t)}{dt} + bK_I h_r - bK_I h(t)$ と書ける. よって次の式を得る.

$$\frac{d^2h(t)}{dt^2} + (a + bK_P)\frac{dh(t)}{dt} + bK_I h(t) = bK_I h_r \tag{14.27}$$

式 (14.27) は 2 階定数係数線形非同次微分方程式である．特性方程式は $\lambda^2 + (a + bK_p)\lambda + bK_I = 0$ であるので，解は $\lambda = \dfrac{-(a + bK_P) \pm \sqrt{(a + bK_P)^2 - 4bK_I}}{2}$ で与えられる．これらの解を λ_1，$\lambda_2(\lambda_1 \neq \lambda_2)$ とおき，以下では実部が全て負であると仮定する．この場合，余関数 $h_0(t)$ は $h_0(t) = C_1 e^{\lambda_1 t} + C_2 e^{\lambda_2 t}$ で表すことができる．さらに未定係数法を利用して特殊解 $h_1(t)$ を求める．非同次項が定数 $bK_I h_r$ であるので $h_1(t) = A_0$ とおくと $\dfrac{dh_1(t)}{dt} = 0$，$\dfrac{d^2 h_1(t)}{dt^2} = 0$ であり，これらを式 (14.27) に代入すると

$$0 + (a + bK_P) \cdot 0 + bK_I A_0 \quad = \quad bK_I h_r \tag{14.28}$$

よって $A_0 = h_r$ が求められる．すなわち特殊解は $h_1(t) = h_r$ である．以上より一般解 $h(t) = h_0(t) + h_1(t)$ は以下のように書ける．

$$h(t) = C_1 e^{\lambda_1 t} + C_2 e^{\lambda_2 t} + h_r \tag{14.29}$$

ここで $h(0) = 0$，$\dfrac{dh(0)}{dt} = 0$ より $h(0) = C_1 + C_2 + h_r = 0$，$\dot{h}(0) = \lambda_1 C_1 + \lambda_2 C_2 = 0$ となることから任意定数 C_1，C_2 に対して以下の連立方程式が得られる．

$$\begin{cases} C_1 + C_2 = -h_r \\ \lambda_1 C_1 + \lambda_2 C_2 = 0 \end{cases} \tag{14.30}$$

式 (14.30) を解くと $C_1 = \dfrac{\lambda_2}{\lambda_1 - \lambda_2} h_r$，$C_2 = -\dfrac{\lambda_1}{\lambda_1 - \lambda_2} h_r$ となる．これらを式 (14.29) に代入すると閉ループ系の式が次のように求められる．

$$h(t) \quad = \quad h_r \left(1 + \frac{\lambda_2}{\lambda_1 - \lambda_2} e^{\lambda_1 t} - \frac{\lambda_1}{\lambda_1 - \lambda_2} e^{\lambda_2 t} \right) \tag{14.31}$$

ただし

$$\lambda_1 \quad = \quad \frac{-(a + bK_P) + \sqrt{(a + bK_P)^2 - 4bK_I}}{2} \tag{14.32}$$

$$\lambda_2 \quad = \quad \frac{-(a + bK_P) - \sqrt{(a + bK_P)^2 - 4bK_I}}{2} \tag{14.33}$$

以上より λ_1，λ_2 の実部がすべて負であれば閉ループ系は安定に設計される．このときの出力の定常値 $h(\infty)$ は $t \to \infty$ で $e^{\lambda_1 t} \to 0$，$e^{\lambda_2 t} \to 0$ となるので $h(\infty) = h_r$ となる．すなわち定常偏差は $e(\infty) = h_r - h(\infty) = h_r - h_r = 0$ となり，出力は一定値の目標値 h_r と完全に一致する．このように I 動作は一定値の目標値に対して定常偏差なく出力を追従させる働きがある．なお，I 動作 (ゲイン K_I) を大きくしすぎると $(a + bK_P)^2 - 4bK_I < 0$ となり，特性方程式の解が共役複素数となる．これは 2 次の伝達関数の減衰係数が $0 < \zeta < 1$ の場合に相当し，応答が振動的になる．結果として目標値に一致するまでの時間が遅くなる場合がある．

14.4 PID 制御の場合

制御則は目標値 h_r と出力 $h(t)$ の偏差 $e(t) = h_r - h(t)$ を用いて次式で与えられる.

$$
\begin{aligned}
q_i(t) &= K_P e(t) + K_I \int e(t)dt + K_D \frac{d}{dt}e(t) \\
&= K_P(h_r - h(t)) + K_I \int (h_r - h(t))dt + K_D \frac{d}{dt}(h_r - h(t)) \quad (14.34)
\end{aligned}
$$

閉ループ系の式を求めるため,この制御則の式 (14.34) を制御対象の式 (14.1) に代入する.

$$
\frac{dh(t)}{dt} + ah(t) = bK_P(h_r - h(t)) + bK_I \int (h_r - h(t))dt + bK_D \frac{d}{dt}(h_r - h(t)) \quad (14.35)
$$

式 (14.35) の両辺を微分すると

$$
\frac{d^2h(t)}{dt^2} + a\frac{dh(t)}{dt} = bK_P \frac{d}{dt}(h_r - h(t)) + bK_I(h_r - h(t)) + bK_D \frac{d^2}{dt^2}(h_r - h(t)) \quad (14.36)
$$

$\frac{d}{dt}h_r = 0,\ \frac{d^2}{dt^2}h_r = 0$ であるので式 (14.36) は次のように書ける.

$$
\frac{d^2h(t)}{dt^2} + a\frac{dh(t)}{dt} = -bK_P \frac{dh(t)}{dt} + bK_I h_r - bK_I h(t) - bK_D \frac{d^2h(t)}{dt^2} \quad (14.37)
$$

式 (14.37) まとめると以下の式となる.

$$
(1 + bK_D)\frac{d^2h(t)}{dt^2} + (a + bK_P)\frac{dh(t)}{dt} + bK_I h(t) = bK_I h_r \quad (14.38)
$$

さらに整理すると次式を得る.

$$
\frac{d^2h(t)}{dt^2} + \frac{a + bK_P}{1 + bK_D}\frac{dh(t)}{dt} + \frac{bK_I}{1 + bK_D}h(t) = \frac{bK_I}{1 + bK_D}h_r \quad (14.39)
$$

これまでと同様に式 (14.39) の解 $h(t)$ を求める.特性方程式は $\lambda^2 + \frac{a + bK_P}{1 + bK_D}\lambda + \frac{bK_I}{1 + bK_D} = 0$ であるので,これらの解を $\lambda_1,\ \lambda_2(\lambda_1 \neq \lambda_2)$ とおき,ここでは実部が全て負であると仮定する.この場合,余関数は $h_0(t) = C_1 e^{\lambda_1 t} + C_2 e^{\lambda_2 t}$ と書ける.特殊解は $h_1(t) = A_0$ とおけば $\frac{dh_1(t)}{dt} = 0,\ \frac{d^2 h_1(t)}{dt^2} = 0$ であるので,これらを式 (14.39) に代入すると

$$
0 + \frac{a + bK_P}{1 + bK_D} \cdot 0 + \frac{bK_I}{1 + bK_D}A_0 = \frac{bK_I}{1 + bK_D}h_r \quad (14.40)
$$

式 (14.40) より $A_0 = h_r$ となることがわかる.よって特殊解は $h_1(t) = h_r$ で与えられる.以上より一般解は $h(t) = h_0(t) + h_1(t) = C_1 e^{\lambda_1 t} + C_2 e^{\lambda_2 t} + h_r$ となり,PI 制御系と同様に初期条件を利用して $C_1,\ C_2$ を定めると次の閉ループ系の式を得る.

$$
h(t) = h_r \left(1 + \frac{\lambda_2}{\lambda_1 - \lambda_2}e^{\lambda_1 t} - \frac{\lambda_1}{\lambda_1 - \lambda_2}e^{\lambda_2 t}\right) \quad (14.41)
$$

ただし

$$\lambda_1 = \frac{-\frac{a+bK_P}{1+bK_D} + \sqrt{\left(\frac{a+bK_P}{1+bK_D}\right)^2 - \frac{4bK_I}{1+bK_D}}}{2} \tag{14.42}$$

$$\lambda_2 = \frac{-\frac{a+bK_P}{1+bK_D} - \sqrt{\left(\frac{a+bK_P}{1+bK_D}\right)^2 - \frac{4bK_I}{1+bK_D}}}{2} \tag{14.43}$$

以上より λ_1, λ_2 の実部が全て負であれば PID 制御系は安定に設計される．また，この時の出力の定常値 $h(\infty)$ は $t \to \infty$ で $e^{\lambda_1 t} \to 0$, $e^{\lambda_2 t} \to 0$ となり，$h(\infty) = h_r$ となる．すなわち定常偏差は PI 制御系と同様に $e(\infty) = h_r - h(\infty) = h_r - h_r = 0$ となり，出力は一定値の目標値に対して定常偏差なく追従する．また，PI 制御系と比較して特性方程式の解に含まれるゲイン K_P, K_I の働きを K_D が調整できる構造になっていることが分かる．これは PD 制御系のように減衰性を調整できることを意味しており，I 動作による応答 (出力が目標値に追従するまでの時間) の遅れを抑えることを可能にしている．

14.5　数値積分法

本章ではこれまで，モデルとして与えられた微分方程式を解析的に解き，制御系の出力の時間応答を求めてきた．すなわち与えられた微分方程式をうまく積分することによって，出力を時間関数として求めることができた．しかし工学分野で実際に扱う問題 (微分方程式で表現されたモデル) は，解析的に解けない場合が多い．このような場合には，以下で示すルンゲクッタ (Runge-Kutta) 法を利用すれば出力を数値の列として求めることができる．

2 次のルンゲクッタ法

t を時間を表す変数とし，$q(t)$ に関する微分方程式が次式で与えられたとする．ここで初期時刻 $t = t_0$ に対する初期値を $q(t_0) = q_0$ とおく．

$$\frac{dq(t)}{dt} = f(t, q(t)) \tag{14.44}$$

このとき $h > 0$ を微小な値として $j = 1, 2, \cdots, n$ に対して微分方程式の解 $q(t_0 + h), q(t_0 + 2h), \cdots, q(t_0 + nh)$ を求めることを考える．なお，$q(t_0 + jh)$ は微分方程式の解 $q(t)$ の $t = t_0 + jh$ における具体的な数値である．

まず $t = t_0 + h$ とおくと $t = t_0$ における $q(t)$ の Taylor 展開は式 (14.44) を利用して次

のようになる.

$$
\begin{aligned}
q(t_0 + h) &= q(t_0) + h\left.\frac{dq(t)}{dt}\right|_{t=t_0} + \frac{1}{2}h^2\left.\frac{d^2q(t)}{dt^2}\right|_{t=t_0} + O(h^3) \\
&= q(t_0) + h\left.f(t,q(t))\right|_{t=t_0} + \frac{1}{2}h^2\left.\frac{d}{dt}\left(\frac{dq(t)}{dt}\right)\right|_{t=t_0} + O(h^3) \\
&= q(t_0) + h\left.f(t,q(t))\right|_{t=t_0} + \frac{1}{2}h^2\left.\frac{d}{dt}\left(f(t,q(t))\right)\right|_{t=t_0} + O(h^3) \quad (14.45)
\end{aligned}
$$

ここで式 (14.45) の右辺の第 3 項に含まれる $\dfrac{d}{dt}\left(f(t,q(t))\right)$ について考える. 2 変数関数 $z(t) = g(x(t), y(t))$ の t による微分を考えると

$$
\frac{dz(t)}{dt} = \frac{\partial z(t)}{\partial x(t)}\frac{dx(t)}{dt} + \frac{\partial z(t)}{\partial y(t)}\frac{dy(t)}{dt} \tag{14.46}
$$

すなわち

$$
\frac{dg(x(t),y(t))}{dt} = \frac{\partial g(x(t),y(t))}{\partial x(t)}\frac{dx(t)}{dt} + \frac{\partial g(x(t),y(t))}{\partial y(t)}\frac{dy(t)}{dt} \tag{14.47}
$$

と書ける. 式 (14.47) において関数名 g を f, $x(t)$ を t, $y(t)$ を $q(t)$ と読み替えて関数 $g(x(t), y(t))$ を $f(t, q(t))$ に置き換えれば以下の関係を得る.

$$
\begin{aligned}
\frac{df(t,q(t))}{dt} &= \frac{\partial f(t,q(t))}{\partial t}\frac{dt}{dt} + \frac{\partial f(t,q(t))}{\partial q(t)}\frac{dq(t)}{dt} \\
&= \frac{\partial f(t,q(t))}{\partial t} + \frac{\partial f(t,q(t))}{\partial q(t)}\frac{dq(t)}{dt} \tag{14.48}
\end{aligned}
$$

表記を簡単にするため $f(t,q(t))|_{t=t_0} = f(t_0, q(t_0)) = f(t_0, q_0) = f_0$ とおくと, $q(t)$ の Taylor 展開の式 (14.45) は次のように表すことができる.

$$
q(t_0 + h) = q_0 + hf_0 + \frac{1}{2}h^2\left.\left(\frac{\partial f(t,q(t))}{\partial t} + \frac{\partial f(t,q(t))}{\partial q(t)}\frac{dq(t)}{dt}\right)\right|_{t=t_0} + O(h^3) \tag{14.49}
$$

ここで $O(h^3)$ を無視すると次の式を得る.

$$
q(t_0 + h) = q_0 + hf_0 + \frac{1}{2}h^2\left(\frac{\partial f_0}{\partial t} + f_0\frac{\partial f_0}{\partial q(t)}\right) \tag{14.50}
$$

よって $\dfrac{\partial f_0}{\partial t}$ および $\dfrac{\partial f_0}{\partial q(t)}$ が分かれば $O(h^3)$ の誤差はあるものの $q(t_0 + h)$ を求められることが分かる.

つぎに a_1, a_2 を定数として $k_1 = hf(t_0, q(t_0)) = hf(t_0, q_0) = hf_0$, $k_2 = hf(t_0 + a_1h, q(t_0) + a_2k_1) = hf(t_0 + a_1h, q_0 + a_2k_1)$ を考える. 2 変数関数 $f(x, y)$ に対して $x = a + h$,

102

$y = b + k$ とおくと $x = a$, $y = b$ における Taylor 展開は次のように書くことができる.

$$
\begin{aligned}
f(a+h, b+k) \;=\;& f(a,b) + \left(h\frac{\partial}{\partial x} + k\frac{\partial}{\partial y} \right) f(x,y) \Big|_{x=a, y=b} \\
&+ \frac{1}{2} \left(h\frac{\partial}{\partial x} + k\frac{\partial}{\partial y} \right)^2 f(x,y) \Big|_{x=a, y=b} + \cdots \\
&+ \frac{1}{n!} \left(h\frac{\partial}{\partial x} + k\frac{\partial}{\partial y} \right)^n f(x,y) \Big|_{x=a, y=b} + \cdots \quad (14.51)
\end{aligned}
$$

これを利用すると k_2 はつぎのように書ける.

$$
\begin{aligned}
k_2 \;=\;& hf(t_0 + a_1 h, q_0 + a_2 k_1) \\
=\;& h\left\{ f(t_0, q_0) + \left(a_1 h\frac{\partial}{\partial t} + a_2 k_1 \frac{\partial}{\partial q(t)} \right) f(t, q(t)) \Big|_{t=t_0, q(t)=q_0} + O((a_1 h)^2, (a_2 k_1)^2) \right\} \\
=\;& h\left\{ f(t_0, q_0) + a_1 h\frac{\partial f(t, q(t))}{\partial t} \Big|_{t=t_0, q(t)=q_0} \right. \\
&\left. + a_2 k_1 \frac{\partial f(t, q(t))}{\partial q(t)} \Big|_{t=t_0, q(t)=q_0} + O((a_1 h)^2, (a_2 k_1)^2) \right\} \\
=\;& hf_0 + a_1 h^2 \frac{\partial f_0}{\partial t} + a_2 h^2 f_0 \frac{\partial f_0}{\partial q(t)} + O((a_1 h)^2, (a_2 k_1)^2) \quad (14.52)
\end{aligned}
$$

ここで w_1, w_2 を定数として $q(t_0 + h)$ が次式で表されると仮定する.

$$
q(t_0 + h) \;=\; q_0 + w_1 k_1 + w_2 k_2 \quad (14.53)
$$

前述の k_1 および式 (14.52) において高次項 $O((a_1 h)^2, (a_2 k_1)^2)$ を無視した k_2 を式 (14.53) 代入すれば次式を得る.

$$
\begin{aligned}
q(t_0 + h) \;=\;& q_0 + w_1 h f_0 + w_2 \left(hf_0 + a_1 h^2 \frac{\partial f_0}{\partial t} + a_2 h^2 f_0 \frac{\partial f_0}{\partial q(t)} \right) \\
=\;& q_0 + (w_1 + w_2) h f_0 + w_2 h^2 \left(a_1 \frac{\partial f_0}{\partial t} + a_2 f_0 \frac{\partial f_0}{\partial q(t)} \right) \quad (14.54)
\end{aligned}
$$

Taylor 展開から得られた式 (14.50) と式 (14.54) の係数を比較して $w_1 = \frac{1}{2}$, $w_2 = \frac{1}{2}$, $a_1 = 1$, $a_2 = 1$ とおけばそれぞれの式が等しくなることが分かる. よって式 (14.50) を計算しなくても, これらの値と k_1, k_2 を式 (14.53) に代入すれば $q(t_0 + h)$ の値が求められる. 以上をまとめると次のように書ける.

2 次のルンゲクッタ法のまとめ

初期時刻 $t = t_0$, 初期値 $q(t_0)$ が与えられた微分方程式

$$
\frac{dq(t)}{dt} \;=\; f(t, q(t)) \quad (14.55)
$$

103

について，$h > 0$ を微小な値とすると $q(t_0 + h)$ の値は次の式を順に計算すれば求められる．

$$k_1 \quad = \quad hf(t_0, q(t_0)) \tag{14.56}$$

$$k_2 \quad = \quad hf(t_0 + h, q(t_0) + k_1) \tag{14.57}$$

$$q(t_0 + h) \quad = \quad q(t_0) + \frac{1}{2}(k_1 + k_2) \tag{14.58}$$

さらに $t_0' = t_0 + h$ とおいて新たに k_1, k_2, $q(t_0' + h)$ を繰り返し計算していけば，式 (14.55) の解を数値の列 $q(t_0 + h), q(t_0 + 2h), \cdots, q(t_0 + nh), \cdots$ として求めることができる．

2 階微分方程式の数値積分

前述の微分方程式は 1 階の微分方程式 $\dfrac{dq(t)}{dt} = f(t, q(t))$ という形であった．以下では初期時刻 $t = t_0$，初期値 $q(t_0)$ および $\dot{q}(t_0)$ ($\left.\dfrac{dq(t)}{dt}\right|_{t=t_0}$) が与えられた微分方程式の数値積分法について述べる．

$$\frac{d^2 q(t)}{dt^2} \quad = \quad f(t, q(t)) \tag{14.59}$$

状態変数を $x_1(t) = q(t)$, $x_2(t) = \dot{q}(t) = \dfrac{dq(t)}{dt}$ のように定義すると式 (14.59) は初期値を $x_1(t_0) = q(t_0)$, $x_2(t_0) = \dot{q}(t_0)$ として次のように 2 本の 1 階微分方程式で与えることができる．

$$\frac{dx_1(t)}{dt} \quad = \quad x_2(t) \tag{14.60}$$

$$\frac{dx_2(t)}{dt} \quad = \quad f(t, q(t)) \tag{14.61}$$

$x_1(t) = q(t)$ と定義していることに注意すると式 (14.61) は次のように書くことができる．

$$\frac{dx_2(t)}{dt} \quad = \quad f(t, x_1(t)) \tag{14.62}$$

ここで $f_1(t, x_1(t), x_2(t)) = x_2(t)$, $f_2(t, x_1(t), x_2(t)) = f(t, x_1(t))$ のように定義すると式 (14.60), (14.62) は次のように表される．

$$\frac{dx_1(t)}{dt} \quad = \quad f_1(t, x_1(t), x_2(t)) \tag{14.63}$$

$$\frac{dx_2(t)}{dt} \quad = \quad f_2(t, x_1(t), x_2(t)) \tag{14.64}$$

さらに表記を簡単にするため，以下のベクトルを定義する．

$$\boldsymbol{x}(t) = \left[\begin{array}{c} x_1(t) \\ x_2(t) \end{array} \right], \ \boldsymbol{f}(t, \boldsymbol{x}(t)) = \left[\begin{array}{c} f_1(t, x_1(t), x_2(t)) \\ f_2(t, x_1(t), x_2(t)) \end{array} \right] \tag{14.65}$$

すると式 (14.63), (14.64) は初期値を $\boldsymbol{x}(t_0) = \boldsymbol{x}_0$ として次のようにベクトル形式でまとめて表現できる．

$$\frac{d\boldsymbol{x}(t)}{dt} \quad = \quad \boldsymbol{f}(t, \boldsymbol{x}(t)) \tag{14.66}$$

式 (14.66) は 1 階の微分方程式 (14.44) と同じ構造である．式 (14.66) の Taylor 展開が式 (14.44) と同様に成り立つとし

$$\boldsymbol{k}_1 = \begin{bmatrix} k_{1x_1} \\ k_{1x_2} \end{bmatrix}, \ \boldsymbol{k}_2 = \begin{bmatrix} k_{2x_1} \\ k_{2x_2} \end{bmatrix} \tag{14.67}$$

とおくと，式 (14.66) の数値解は $h > 0$ を微小な値として以下の式を繰り返し解くことによって求めることができる．

$$\boldsymbol{k}_1 = h\boldsymbol{f}(t_0, \boldsymbol{x}(t_0)) \tag{14.68}$$

$$\boldsymbol{k}_2 = h\boldsymbol{f}(t_0 + h, \boldsymbol{x}(t_0) + \boldsymbol{k}_1) \tag{14.69}$$

$$\boldsymbol{x}(t_0 + h) = \boldsymbol{x}(t_0) + \frac{1}{2}(\boldsymbol{k}_1 + \boldsymbol{k}_2) \tag{14.70}$$

さらに式 (14.68)〜式 (14.70) を要素ごとに書き出してまとめると次のように書ける．

2 階微分方程式の数値積分のまとめ

初期時刻 $t = t_0$，初期値 $q(t_0)$，$\dot{q}(t_0)$ が与えられた 2 階微分方程式

$$\frac{d^2 q(t)}{dt^2} = f(t, q(t)) \tag{14.71}$$

について，$h > 0$ を微小な値とすると $q(t_0 + h)$ の値は状態変数を $x_1(t) = q(t)$, $x_2(t) = \dot{q}(t)$ とおいて次の式を順番に計算すれば求められる．

$$k_{1x_1} = hf_1(t_0, x_1(t_0), x_2(t_0)) \tag{14.72}$$

$$k_{1x_2} = hf_2(t_0, x_1(t_0), x_2(t_0)) \tag{14.73}$$

$$k_{2x_1} = hf_1(t_0 + h, x_1(t_0) + k_{1x_1}, x_2(t_0) + k_{1x_2}) \tag{14.74}$$

$$k_{2x_2} = hf_2(t_0 + h, x_1(t_0) + k_{1x_1}, x_2(t_0) + k_{1x_2}) \tag{14.75}$$

$$x_1(t_0 + h) = x_1(t_0) + \frac{1}{2}(k_{1x_1} + k_{2x_1}) \tag{14.76}$$

$$x_2(t_0 + h) = x_2(t_0) + \frac{1}{2}(k_{1x_2} + k_{2x_2}) \tag{14.77}$$

式 (14.76)，式 (14.77) で計算された $x_1(t_0 + h)$, $x_2(t_0 + h)$ がそれぞれ $q(t_0 + h)$, $\dot{q}(t_0 + h)$ を表している．さらに $t'_0 = t_0 + h$ とおいて新たに k_{1x_1}, k_{1x_2}, k_{2x_1}, k_{2x_2}, $x_1(t'_0 + h)$, $x_2(t'_0 + h)$ を計算する手順を繰り返せば式 (14.71) の解を数値の列として求めることができる．なお，図 5.3 のようなマス・ばね・ダンパからなる運動方程式について $q(t)$ が位置を表す時間関数であるとすると，式 (14.59) は運動方程式を加速度項について解いた式を意味している．

n 階微分方程式の数値積分

初期時刻 $t = t_0$, $i = 1, \cdots, n$ に対して初期値 $q^{(i-1)}(t_0)$ が与えられた n 微分方程式の数値積分について考える．なお $q^{(i-1)}(t)$ は $q(t)$ の $i-1$ 階微分を表している．

$$\frac{d^n q(t)}{dt^n} = f(t, q(t)) \tag{14.78}$$

状態変数を $x_i(t) = q^{(i-1)}(t)$ と定義して 2 階微分方程式の数値積分と同様に考えると，$h > 0$ を微小な値として $q(t_0 + h)$ の値は次の式を順番に計算すれば求められる．

$$k_{1x_1} = hf_1(t_0, x_1(t_0), x_2(t_0), \cdots, x_n(t_0)) \tag{14.79}$$

$$k_{1x_2} = hf_2(t_0, x_1(t_0), x_2(t_0), \cdots, x_n(t_0)) \tag{14.80}$$

$$\vdots$$

$$k_{1x_n} = hf_n(t_0, x_1(t_0), x_2(t_0), \cdots, x_n(t_0)) \tag{14.81}$$

$$k_{2x_1} = hf_1(t_0 + h, x_1(t_0) + k_{1x_1}, x_2(t_0) + k_{1x_2}, \cdots, x_n(t_0) + k_{1x_n}) \tag{14.82}$$

$$k_{2x_2} = hf_2(t_0 + h, x_1(t_0) + k_{1x_1}, x_2(t_0) + k_{1x_2}, \cdots, x_n(t_0) + k_{1x_n}) \tag{14.83}$$

$$\vdots$$

$$k_{2x_n} = hf_n(t_0 + h, x_1(t_0) + k_{1x_1}, x_2(t_0) + k_{1x_2}, \cdots, x_n(t_0) + k_{1x_n}) \tag{14.84}$$

$$x_1(t_0 + h) = x_1(t_0) + \frac{1}{2}(k_{1x_1} + k_{2x_1}) \tag{14.85}$$

$$x_2(t_0 + h) = x_2(t_0) + \frac{1}{2}(k_{1x_2} + k_{2x_2}) \tag{14.86}$$

$$\vdots$$

$$x_n(t_0 + h) = x_n(t_0) + \frac{1}{2}(k_{1x_n} + k_{2x_n}) \tag{14.87}$$

2 階微分方程式の数値積分と同様に $x_i(t_0 + h)$ は $q^{(i-1)}(t_0 + h)$ を表している (状態変数の値 $x_1(t_0 + h)$ は $t = t_0 + h$ における微分方程式の解の値 $q(t_0 + h)$ を表している)．さらに $t_0' = t_0 + h$ とおいて新たに $k_{1x_1}, \cdots, k_{1x_n}$, $k_{2x_1}, \cdots, k_{2x_n}$, $x_1(t_0' + h), \cdots, x_n(t_0' + h)$ を繰り返し計算していけば式 (14.78) の解を数値の列として求めることができる．

演習課題

(1) 図 14.2 の台車の運動について考える．台車の質量を m，ダンパ係数を c，ばね定数を k とする．水平方向にこの台車を $u(t)$ の力で引っ張った時の変位を $y(t)$ とすると，この台車の運動方程式は以下で表される．

$$m\frac{d^2 y(t)}{dt^2} + c\frac{dy(t)}{dt} + ky(t) = u(t) \tag{14.88}$$

目標値を $y_d(t)$ とおき，比例ゲインを K_P，積分ゲインを K_I，微分ゲインを K_D として PID 制御則を次式で与える．

$$u(t) = K_P(y_d(t)-y(t)) + K_I \int (y_d(t)-y(t))dt + K_D \frac{d}{dt}(y_d(t)-y(t)) \quad (14.89)$$

このとき目標値 $y_d(t)$ と出力 $y(t)$ に関する伝達関数 $\dfrac{Y(s)}{Y_d(s)}$ を求めよ．

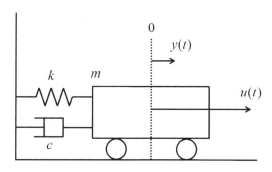

図 14.2: 台車の運動

(2) $\dfrac{dq(t)}{dt} = \cos t$，初期時刻を $t=0$，初期値を $q(0)=0$ とする．このとき 2 次のルンゲクッタ法で数値積分するための計算式を記述せよ．

(3) $y(t)$ を出力，$u(t)$ を入力，初期時刻を $t=0$，初期値を $y(0)=0$, $\dot{y}(0)=0$ とする．運動方程式 $m\ddot{y}(t) + c\dot{y}(t) + ky(t) = u(t)$ を 2 次のルンゲクッタ法で数値積分するための計算式を記述せよ．

参考文献

[1] 足立修一 著：「MATLAB による制御のためのシステム同定」，東京電機大学出版局

[2] 増淵正美，川田誠一 共著：「システムのモデリングと非線形制御」，コロナ社

[3] 則次俊郎，堂田周治郎，西本澄 共著：「基礎制御工学」，朝倉書店

[4] 豊田啓孝，高橋智，鶴田健二，矢納陽，渡辺桂吾 共著：「工学系の微分方程式」，岡山大学出版会

著者紹介

矢納　陽（やのう　あきら）　1973 年　大阪府生まれ
2001 年　岡山大学大学院自然科学研究科博士課程修了
博士（工学）
現在　　岡山大学大学院自然科学研究科助教

岡山大学版教科書　　**モデリング論**

2015 年 8 月 1 日　初版第 1 刷発行

著　者　　矢納 陽
発行者　　森田 潔
発行所　　岡山大学出版会
　　　　　〒700-8530　岡山県岡山市北区津島中 3-1-1
　　　　　TEL 086-251-7306　FAX 086-251-7314
　　　　　http://www.lib.okayama-u.ac.jp/up/
印刷・製本　　研精堂印刷株式会社

© 2015　矢納 陽
Printed in Japan
ISBN 978-4-904228-45-6
落丁本・乱丁本はお取り替えいたします。
本書を無断で複写・複製することは著作権法上の例外を除き禁じられています。